内蒙古电网工程
绿色建造指南

内蒙古电力（集团）有限责任公司工程建设部　颁布

中国电力出版社
CHINA ELECTRIC POWER PRESS

图书在版编目（CIP）数据

内蒙古电网工程绿色建造指南 / 内蒙古电力（集团）有限责任公司工程建设部颁布 . -- 北京：中国电力出版社，2025.5. -- ISBN 978-7-5198-9915-8

Ⅰ . TM727

中国国家版本馆 CIP 数据核字第 2025KG6616 号

出版发行：中国电力出版社

地　　址：北京市东城区北京站西街 19 号（邮政编码 100005）

网　　址：http://www.cepp.sgcc.com.cn

责任编辑：宋红梅

责任校对：黄　蓓　朱丽芳

装帧设计：王红柳

责任印制：吴　迪

印　　刷：三河市万龙印装有限公司

版　　次：2025 年 5 月第一版

印　　次：2025 年 5 月北京第一次印刷

开　　本：880 毫米 ×1230 毫米　32 开本

印　　张：3.5

字　　数：77 千字

印　　数：0001—1000 册

定　　价：50.00 元

编委会

前　言

为贯彻落实集团公司"1469"中长期战略规划，践行绿色发展理念，推进输变电工程绿色建造，提升电网工程品质，推动内蒙古电网高质量发展，内蒙古电力（集团）有限责任公司工程建设部组织编制了《内蒙古电网工程绿色建造指南》，并于近日印发。

集团公司工程建设部要求，绿色建造应将绿色发展理念融入工程策划、设计、施工、交付的建造全过程，充分体现绿色化、工业化、信息化、集约化和产业化的总体特征。同时，应统筹考虑输变电工程质量、安全、效率、环保、生态等要素，实现工程策划、设计、施工、交付全过程一体化，提高建造水平和建筑品质；应全面体现绿色要求，有效降低建造全过程对资源的消耗和对生态环境的影响，减少碳排放，整体提升建造活动绿色化水平；宜采用系统化集成设计、精益化生产施工、一体化装修的方式，加强新技术推广应用，整体提升建造方式工业化水平；宜结合实际需求，有效采用三维设计、人工智能、机器人等相关技术，整体提升建造手段信息化水平；宜采用工程总承包、全过程工程咨询等组织管理方式，促进设计、生产、施工深度协同，整体提升建造管理集约化水平。

本指南由内蒙古电力（集团）有限责任公司工程建设部负责解释。如本指南与国家、行业、地方标准规定要求存在冲突的，以国家、行业、地方标准规定为准，并将相关情况报内蒙古电力（集团）有限责任公司工程建设部备案。执行过程中如有意见或建议，请反馈至内蒙古电力（集团）有限责任公司工程建设部。

目　录

1 绪　论

1.1　绿色建造的概念

绿色建造指按照绿色发展的要求，通过科学管理和技术创新，采用有利于节约资源、保护环境、减少排放、提高效率、保障品质的建造方式，实现人与自然和谐共生的工程建造活动。

绿色建造融入工程策划、设计、施工、交付的建造全过程，充分体现绿色化、工业化、信息化、集约化和产业化的总体特征。输变电工程绿色建造应秉承"绿色低碳型、节能环保型、精益化管理、标准化设计、智能化建造"的建设理念。首先，开展输变电工程建设顶层设计，全面体现绿色要求，加强绿色建造新技术研究与推广，因地制宜对建造全过程、全要素进行统筹，科学确定输变电工程绿色建造目标及实施路径。然后将绿色发展理念融入输变电工程建设全过程，实施"绿色策划、绿色设计、绿色施工、绿色移交"，有效降低建造全过程对资源的消耗和生态环境的影响，减少碳排放，整体提升输变电工程绿色建造水平。建造过程中，践行全寿命周期管理理念，督导落实输变电工程建设质量终身责任，鼓励采用工程总承包、全过程咨询等方式，推动建设、设计、施工、监理、运行各方深度协同，实施各方前置参与，强化专业分工协作，努力实现输变电工程绿色环保、功能可靠、建设安全、技术经济、运维便捷的和谐统一。最终，建成

"安全优质、绿色低碳、经济高效、资源节约、环境和谐"的输变电工程绿色建造成品。

1.2 绿色建造发展背景

2019 年，住房和城乡建设部王蒙徽部长主持编写了"致力于绿色发展的城乡建设"系列教材中的《绿色建造与转型发展》教材，系统地提出了绿色建造的概念、发展目标和实施路径。2020 年，住房和城乡建设部印发《关于开展绿色建造试点工作的函》，在湖南省、广东省深圳市、江苏省常州市 3 个地区开展绿色建造试点，探索可复制推广的绿色建造技术体系、管理体系、实施体系以及量化考核评价体系，为全国其他地区推行绿色建造创造经验。

2021 年 3 月 16 日，住房和城乡建设部办公厅发布了《绿色建造技术导则（试行）》，明确了绿色建造的总体要求、主要目标和技术措施，是当前和今后一个时期指导绿色建造工作、推进建筑业转型升级和城乡建设绿色发展的重要文件。

与以往发布的绿色建筑技术标准相比，绿色建造比绿色建筑更注重建筑全寿命期的绿色化，主要的关注重点包括：

（1）**工业化**：采用系统化集成设计、精益化生产施工、一体化装修的方式，加强新技术推广应用，整体提升建造方式工业化水平。

（2）**信息化**：结合实际需求，有效采用 BIM、物联网、大数据、云计算、移动通信、区块链、人工智能、机器人等相关技术，整体提升建造手段信息化水平。

（3）**管理集约化**：采用工程总承包、全过程工程咨询等组织管理方式，促进设计、生产、施工深度协同，整体提升建造管理集约化水平。

（4）建造过程产业化：加强设计、生产、施工、运营全产业链上下游企业间的沟通合作，强化专业分工和社会协作，优化资源配置，构建绿色建造产业链，整体提升建造过程产业化水平。

《绿色建造技术导则（试行）》发布后，各地方住建部门积极响应。北京市住房和城乡建设委员会等12部门印发《北京市推动智能建造与新型建筑工业化协同发展的实施方案》，提出围绕绿色北京建设，推进工程建设项目全寿命期绿色建造。加快推进建筑节能、绿色建筑、装配式建筑相关核心技术的迭代更新，并提出多项绿色建造技术推进方案。山东省住建厅2022年5月印发《关于推动城乡建设绿色发展若干措施的通知》要求：开展绿色建造示范工程创建，全面推行绿色施工，大力发展钢结构、混凝土结构等装配式建筑，推动钢结构住宅建设，开展绿色建材应用示范工程建设和政府采购支持绿色建材试点。2022年12月，山东省住建厅发布《关于组织开展第一批省级绿色建造示范工程建设的通知》，以试点项目推进绿色建造发展。2022年6月，甘肃省委办公厅、省政府办公厅印发了《关于推动城乡建设绿色发展的实施意见》，提出：全面推进绿色建造。推广绿色化、工业化、信息化、集约化、产业化建造方式，积极创建绿色建造示范工程。大力发展装配式建筑，重点推动钢结构装配式住宅建设。实施建筑垃圾减量化，到2025年，建筑施工现场建筑垃圾排放量每万平方米不高于300t（不包括工程渣土、工程泥浆）。严格施工现场扬尘和噪声管控，推进绿色建材产品认证和采信应用。

习近平主席在第七十五届联合国大会一般性辩论上发表重要

讲话指出，中国将提高国家自主贡献力度，采取更加有力的政策和措施，二氧化碳排放力争于2030年前达到峰值，努力争取2060年前实现碳中和。这为我国能源低碳转型明确了目标。全面贯彻"四个革命、一个合作"能源安全新战略，坚定走能源绿色、低碳、可持续发展道路。一是继续坚持节能优先方针，推行节约能源、优先使用清洁低碳能源的绿色生产生活方式。二是加快推动低碳能源替代高碳能源、非化石能源替代化石能源，依靠非化石能源等清洁能源满足增量能源需求，逐步使清洁能源成为能源供应主体。三是继续加强能源科技创新，通过技术进步破解能源资源约束，为经济社会发展增加新动能。四是继续深化能源市场化改革，完善能源治理机制。

1.3 输变电工程的绿色建造

在《"十四五"发展规划》基础上，内蒙古电力（集团）有限责任公司决定对中长期发展战略进行系统完善和深化解读，经过深入研究、广泛论证、反复酝酿，形成了具有"四个蒙电"核心内涵的"1469"战略体系，是公司未来一段时期改革发展和各项工作的根本遵循，对于推动公司高质量发展，实现企业基业长青具有十分重要的指导意义。图1所示为"四个蒙电"发展定位。其中"1469"中的1个战略目标，即为建成以生态优先、绿色发展为导向的世界一流现代化能源服务企业。"四个蒙电"，即"责任蒙电、绿色蒙电、数字蒙电、开放蒙电"发展定位。绿色蒙电，即落实国家"双碳"战略，坚持生态优先、节约集约、绿色低碳发展，助力自治区打造新能源产业高地，实现"两个率先""两个超过"目标，推动蒙西新型电力系统建设，全面实现

"三个绿色"，即"电网发展低碳绿色""公司发展低碳绿色""助力经济社会发展低碳绿色"。"六化"战略路径，即"集团化、集约化、市场化、数字化、生态化、国际化"战略路径。构建"生态化"体系，要坚持"生态优先、节约集约、绿色低碳发展"，形成公司绿色生产经营方式，推动电网发展和生态文明建设相得益彰。以电网枢纽平台为中心，构建蒙电绿色生态体系，协同促进业务发展、模式拓展和业态创新，不断提升现代化能源服务企业可持续发展能力。"九大"战略工程，即"党建引领工程、电网跃升工程、服务升级工程、产业支撑工程、治理提升工程、创新驱动工程、数字赋能工程、改革攻坚工程、开放生态工程"。开放生态工程，即树立"品牌卓著"蒙电形象，持续推进国际国内开放合作，吸引各类主体参与现代化能源服务企业建设和价值挖掘，带动产业链上下游共同发展，加快形成协同创新、融合发展的生态圈和产业链。主要战略举措：构建公司生态系统，增强产业链带动力，履行企业社会责任，提升公司品牌价值。

图 1 "四个蒙电"发展定位

从"1469"战略体系上看，战略目标、发展定位、战略路径、战略工程四个层级从宏观到微观均不同程度地契合了绿色建造的理念。但输变电工程的绿色建造响应较滞后，尚无对电力行业的绿色建造政策支持及专项技术支撑。目前，变电站的绿色化关注点多在于绿色设计，建造方式多粗放，与"创新、协调、绿色、开放、共享"的新发展理念要求还存在一定差距。输变电工程与一般工民建的建造方式及特点有较大不同，探索针对性的绿色建造实施路径迫在眉睫。

2 绿色策划

2.1 策划程序

绿色建造，策划先行。建设单位需在建筑工程立项阶段组织编制项目绿色策划方案，项目各参与方遵照执行。建设单位在工程可研阶段统筹考虑绿色建造相关要求，在可研批复后组织编制绿色总体策划；设计单位接受建设单位委托，在初设阶段编制绿色设计策划；施工单位接受建设单位委托，在开工前编制项目绿色施工策划；建设单位在工程建设阶段组织编制绿色移交策划。

传统项目策划阶段侧重于项目定位、设计方案等较大尺度的内容，一般不涉及具体的某项技术措施，但绿色策划需各专业紧密配合，需根据目标定位确定意向的技术措施，以确保绿色建造总体目标的实现。绿色策划方案需明确绿色建造总体目标和资源节约、环境保护、减少碳排放、品质提升、职业健康安全等分项目标，主要包括绿色设计策划、绿色施工策划、绿色交付策划等内容。

绿色策划还需注重全寿命期的绿色性能表现及碳排放路线，对工程全要素进行统筹，需具有一定的前瞻性。绿色策划方案需要因地制对建造全过程、全要素进行统筹，明确绿色建造实施路径，体现绿色化、工业化、信息化、集约化和产业化特征。

2.2 绿色总体策划

绿色策划方案首先要确定项目定位和组织架构，明确各阶段的主要控制指标，进行综合成本与效益分析，制定主要工作计划。还需统筹设计、构件及部品部件生产运输、施工安装和运营维护管理，推进产业链上下游资源共享、系统集成和联动发展。相对于发达省份而言，内蒙古的绿色建材和绿色设备生产制造相对较少，难以覆盖广阔的省域面积。因此，在绿色策划阶段，就应充分考虑和统筹构件及部品部件生产运输、施工安装和运营维护管理，推进联动发展。

绿色策划中，首要重点为选址选线。变电站选址规则应以绿色选址为首要原则，适应不同类型的地质地貌，最大化共享各类资源要素。绿色选址即考虑将生态优先、绿色发展放在首位，全力构建集约高效、绿色发展的空间格局，打造可持续性生态选址，以适应不同类型的地质地貌，全力保障并最大化共享各类资源要素。符合绿色选址原则下的站址一经选定，就应做好变电站的场地规划。

绿色选址首要先协调规划条件靠近负荷中心。以适应电力系统发展规划和布局要求为先，选址布局上应尽可能接近主要用户，进出线路应与城镇、工业区相符合，以减少输配电线路的投资和电能的损耗，降低造成事故的概率，同时也可避免由于站址远离负荷中心而带来的其他问题。

站址选择还需注意评估地质稳定性，远离地震、沉降、洪涝等自然灾害。对于山区地区，需注重结合地貌，削峰填谷，控制土方量，做到土方设计平衡，资源优化。丘陵地区还可以结合地貌条件，利用山势，阶梯型布局，减少开挖土方量。

总体策划中，需要统筹各方面要素，制定合理的减排方案。对于电力工程建设而言，减排方案主要包括两个方面，一是减少碳排放，最终达到碳中和标准，二是减少固废垃圾的排放。因此减排方案的两部分，包括建立碳排放管理体系，并应明确建筑垃圾减量化等目标。

通过法律法规、标准及其他要求的分析和碳评估，在明确碳排放单位外部要求及内部现状的基础上，方可确定碳排放管理目标和实施方案、建立碳排放管理体系目标。策划的成果至少需要包括：法律法规、标准及其他要求清单；碳评估报告；碳排放管理目标；碳排放管理实施方案。碳排放管理目标是落实碳排放管理方针的具体体现，建设单位应根据客观情况的变化，特别是建设计划或主要碳排放源变更时，适时调整碳排放管理目标，以适应变化的要求。在制定碳排放目标时，主要应考虑建立碳减排和碳资产管理两类目标，其中，碳减排包括碳排放量及碳排放强度的变化，碳资产管理涉及碳排放权的交易与管理。同时，还需要考虑自身的建设和运行计划；现有的减排机会，包括但不限于能源规划，如燃料替代、余热回收利用、分布式发电以及可再生能源投资计划等；行业碳排放强度先进值；外部合规性要求、外部抵消机制等。

推荐建立数字化碳管理体系。推动重点用能设备上云上平台，形成感知、监测、预警、应急等能力，提升碳排放的数字化管理、网络化协同、智能化管控水平，建立产品全生命周期碳排放基础数据库。加强对重点产品产能产量监测预警，提高产业链供应链安全保障能力。

绿色策划应推动全过程数字化、网络化、智能化技术应用，积极采用三维设计技术，利用基于统一数据及接口标准的信息管理平台，支撑各参与方、各阶段的信息共享与传递。数字化、网络化及智能化技术、三维技术应用，核心点均在于统一的数据及接口标准。工程的策划、设计、施工及运行过程，需多方参与，只有在策划阶段即统一各类数据及接口标准，建立信息管理平台，方可在后续建设和使用过程中延续数字资产的生命，实现各参与方、各阶段的信息共享与传递。

绿色策划需结合工程实际情况，综合考虑技术水平、成本投入与效益产出等因素，确定智能建造、电力工业化的应用目标和实施路径。

2.3 绿色设计策划

绿色设计策划，应根据绿色建造目标，结合项目定位，在综合技术经济可行性分析基础上，确定绿色设计目标与实施路径，明确主要绿色设计指标和技术措施，推进输变电工程土建、电气、线路、电缆等专业的系统化集成设计。

设计策划时，应以保障性能综合最优为目标，对场地、建筑空间、用能设备进行全面统筹，明确绿色建材选用依据、总体技术性能指标，确定绿色建材的使用率。为加快绿色建材推广应用，更好地支撑绿色建筑发展，住房城乡建设部、工业和信息化部出台了《绿色建材评价标识管理办法》《促进绿色建材生产和应用行动方案》《建材行业碳达峰实施方案》等一系列文件。十八大以来，我国建材行业转型升级成效显著，综合实力和竞争力稳步提升，绿色发展取得新的进展，重点行业、骨干企业的单位能耗、污染物排放强度均已达到世界先进水平。目前，住建部已经发布两批绿色建材评价标准，涵盖各类建材，形成了完整的绿色建材产品体系。另外中国标准化协会标准《绿色产品认证电线电缆》也正在编制中。

绿色设计策划还需综合考虑生产、施工的便易性，提出全过程、全专业、各参与方之间的一体化协同设计要求。

2.4　绿色施工策划

绿色施工策划的主要工作是对生态环境保护、资源节约与循环利用、碳排放降低、人力资源节约及职业健康安全等进行总体分析，策划适宜的绿色施工技术路径与措施。

前期勘察是绿色施工的首要条件和必要前提。对于施工场地的现场情况应进行摸排，对环境风险进行评估，对于可能存在的风险进行充分的分析，并在策划之初就确定最小化风险的方案及相关的预案。应结合施工现场及周边环境、工程实际情况等进行影响因素分析和环境风险评估，并依据分析和评估结果进行绿色施工策划。

《建筑工程绿色施工评价标准》（GB/T 50640—2010）中规定，绿色施工评价应以建筑工程施工过程为评价对象，评价等级分为不合格、合格和优良。其评价要素主要包括环境保护、节材与材料利用、节水与水资源利用、节能与能源利用和节地与土地资源保护五个方面。在绿色施工的策划阶段，就应明确绿色施工的目标，即优良级别，并明确其中的关键指标，制定绿色施工的自评计划，每月不应少于 1 次，每阶段不应少于 1 次。同时，绿色施工还需执行《输变电工程绿色建造评价管理办法》（Q/ND

20302 0501 02—2023)。

2.5 绿色交付策划

绿色交付标准的核心内容包括，交付等级、交付内容、交付深度，其中，交付等级的划分是重中之重，关系到项目总体的数字化交付的可实施性。根据运营维护需求，具体确定绿色建造项目的实体交付内容及交付标准。

在项目策划阶段，应着手制定数字化交付标准和方案。对设计、施工和运行各阶段的数字化交付内容进行明确，并由各方确认责任。《建筑信息模型设计交付标准》（GB/T 51301）对不同系统工程和不同设计阶段的交付内容和标准进行了规定，可参照标准的要求和运营维护需求，制定数字化交付标准和方案，明确各阶段责任主体和交付成果。

3 绿色设计

3.1 总体要求

绿色设计包括线路设计、变电站电气设计及变电站土建设计三个主要方面。绿色设计需统筹土建、电气、线路、电缆等各专业设计，统筹策划、设计、施工、交付等建造全过程，实现工程全寿命期系统化集成设计。

绿色设计时，需前置就地取材要求。行业内通用的就地取材的评判指标，一般是建设地 500km 范围内生产的建材的质量比例。《绿色建筑评价标准》（GB/T 50378—2019）中，对绿色建筑的基本要求是，500km 以内生产的建筑材料质量占建筑材料总质量的比例应大于 60%，因此在绿色设计中，应在设计选材阶段，即对就地取材提出要求。

需统筹设计的还包括各类建材及设备的设计使用年限。各类建材及设备的使用年限不匹配，需经过统筹规划，方能够达到全寿命期内的材料节约。一般土建的设计使用年限为 50 年，但防水材料、装饰装修材料、设备、电缆等均达不到 50 年的寿命，此时需对各类材料的更换进行统筹，以达到各类建材均在寿命期内发挥最大价值的目的。不同使用寿命的部品组合时，构造应便于分别拆换、更新和升级。

设计方案技术论证在必要时需强化管理，严格控制设计变更。设计文件经审查后，在建设过程中往往可能需要进行变更，这样有可能使建筑的相关绿色指标发生变化。在建造过程中需严格执行审批后的设计文件，若在施工过程中处于整体项目功能要求，其变更可按正常的程序进行，但不应降低工程绿色性能，并应留存完整的档案资料。

建筑垃圾并不是在施工阶段才开始产生，而其源头在于设计阶段。应秉承以下原则，加强建筑垃圾源头管控：

1. 统筹规划，源头减量

统筹工程策划、设计、施工等阶段，从源头上预防和减少工程建设过程中建筑垃圾的产生，有效减少工程全寿命期的建筑垃圾排放，设计方应树立全寿命期理念，统筹考虑工程全寿命期的耐久性、可持续性，鼓励设计单位采用高强、高性能、高耐久性和可循环材料以及先进适用技术体系等开展工程设计。根据"模数统一、模块协同"原则，推进功能模块和部品构件标准化，减少异型和非标准部品构件。

2. 因地制宜，系统推进

设计单位应根据地形地貌合理确定场地标高，开展土方平衡论证，减少渣土外运。选择适宜的结构体系，减少建筑形体不规则性。提倡建筑、结构、机电、装修、景观全专业一体化协同设计，保证设计深度满足施工需要，减少施工过程设计变更。

3.2 线路设计

3.2.1 架空线路设计

架空线路设计需充分考虑国土空间规划，遵循确保本期、兼顾长远的设计原则，经济、合理地选择线路回路数。对于按照同塔双或多回路建设的线路，其预留线路"三跨"区段导地线宜同期挂齐。"三跨"区段线路跨越施工协调难度大、周期长、费用高、风险高，宜结合工程具体情况一次建成，避免二次进场。

大型发电厂和枢纽变电站的进出线应统一规划，永临结合，避免相互影响，减少交叉次数。大型发电厂和枢纽变电站的进出线较为密集，本期工程进出线的布置需要充分结合电网远期规划，尽量减小远期电网建设时停电时间，压降远期电网建设施工风险等级。特别注意进线终端塔的布置，建成后拆改比较困难，当远期电网有出线间隔调整时，进线终端的布置应满足灵活出线的原则。

平原等人口密集地区，规划复杂，土地紧张，线路走廊宽度有限。对于局部线路走廊拥挤地段，优先考虑在满足可靠性要求的前提下，结合走廊规划情况，合理采用同塔多回技术，提升廊道利用率。图2为同塔多回实景图。

图 2　同塔多回实景图

15

丘陵、山地、沙漠、戈壁、草原地区，人口稀疏，线路走廊较为宽松。500kV 线路宜采用单回路，220kV 及以下线路可采用双回路架设。

路径选择需考虑以下因素：

（1）路径选择应综合考虑电网规划、城镇规划、环境保护、线路长度、气象条件、地形地貌、交通条件、施工和运行等因素，进行多方案技术经济比较确定，确保安全可靠、环境友好、经济合理、方便机械化施工。

（2）路径选择宜避让国家公园、自然保护区、风景名胜区、世界文化和自然遗产地、饮用水水源保护区等生态环境敏感区。无法避让时，应采取加大杆塔挡距、减少杆塔数量，优先选用原状土基础，采用全方位高低腿、高低主柱、适当提高对地距离等措施以减少对环境的影响。

（3）宜沿公路、铁路、电力线路等现有设施架设，避免切割地块；路径选线及塔位布置尽可能靠近道路，避免大面积房屋拆迁，充分考虑材料运输和施工运行的便利性。

（4）路径选线时宜不占或少占林地、草原和基本农田，无法避让时宜采取加大杆塔挡距、减少杆塔数量等措施。

（5）丘陵和山区线路路径选择宜采用卫片、航片、三维设计系统、全数字摄影测量系统等新技术进行优化。

（6）路径选择宜避让采动影响区。无法避让时不宜选择在采深采厚比小于 30 的区域，宜选择在老采动影响区通过。线路通过采动影响区可采用单回路架设，耐张段长度不宜大于 5km，且耐张塔转角度数不宜过大。路径选择宜避免出现大挡距、大高差、杆塔两侧挡距悬殊等情况。路径选择宜避免出现孤立档。

（7）路径方案应避开流动沙丘区域，无法避开时应考虑流动沙丘对线路的影响。塔位选择优先考虑洼地或平地，避免在沙丘顶部设置塔位。

（8）沙漠地区输电线路选择塔位宜避开流动沙丘的下风侧、风蚀沙埋严重发育地段和地面盐渍化迹象严重的地带。

导线、地线设计应符合下列要求：

（1）应结合电网规划、负荷增长等因素合理选用导线截面，提高单位走廊宽度的输送容量及土地资源的利用率。

（2）经技术经济比选后，应在输送容量大、负荷利用小时数高的线路工程中优先采用铝合金芯高导电率铝绞线、中强度铝合金绞线、钢芯高导电率铝绞线等节能导线，有效减少电能损耗。

（3）对于增容改造线路，经全寿命周期费用对比后，可选择耐热导线。常见的耐热导线有钢芯耐热铝合金绞线、间隙型特强钢芯耐热铝合金绞线、铝包殷钢芯耐热铝合金绞线、应力转移型特强钢芯铝型线绞线等。在满足系统载流量的前提下，合理选择耐热导线的型号，耐热导线弧垂应按照实际运行温度进行计算，并逐挡校验交叉跨越距离，确保现状杆塔满足耐热导线外负荷荷载条件。

（4）优化地线运行方式，减少电能损耗。

金具和绝缘子设计应符合下列要求：

（1）积极采用节能金具，减少电能损耗。与导线直接接触的金具应采用铝及铝合金等非铁磁性材料，以实现减少磁滞、涡流损失。

（2）应结合当地的自然条件和环境特点，合理选择线路绝缘子、金具型式，避免导地线振动、污秽、大气腐蚀及雷害等问题。大风区、风振严重区导地线连接金具应选用耐磨型金具，以延长使用寿命。

（3）走廊紧张地区可优化金具串排列方式，使用 V 型悬垂绝缘子串，减小走廊宽度；V 型绝缘子串采用复合绝缘子时，应采用环形连接方式。在输电线路设计中，为了缩小走廊宽度，减少悬垂串的风偏摇摆，V 型串的使用日益广泛，根据试验和设计研究成果，输电线路悬垂 V 串风偏卸荷角（即最大风偏角与两肢间夹角的一半之差）宜小于 5°～10°。当导线的最大风偏角大于 V 型串两肢间夹角的 1/2 时，V 型串背风肢绝缘子将受压，尤其是复合绝缘子产生的反作用力较大，使碗头挂板中的弹簧销受压变形失效，近些年运行中发生多起复合绝缘子 V 型串在大风情况下球、碗头脱落事故。因此，应采取控制球、碗头加工尺寸、新型金具方案或改变复合绝缘子端部连接方式等防脱落设计。

（4）沙戈荒地区防振锤和间隔棒应采用耐低温、抗老化橡胶垫，导线不采用预绞式防振锤和间隔棒；间隔棒应选用双板阻尼型，主体框架采用锻造加工工艺。

（5）绝缘配置应以最新审定的污区分布图为基础，结合线路附近的污秽和发展情况，综合考虑环境污秽变化因素，选择合适的绝缘子型式和片数，并适当留有裕度。

（6）风灾严重地区跳线串可采用防风偏复合绝缘子，有效防止跳线风偏，减少重锤片材料的使用，并提高电网运行的安全性。

（7）沙戈荒地区输电线路优先采用盘形悬式玻璃绝缘子。220kV 线路可根据附近线路的运行经验，选用长寿命复合绝缘子。

防雷和接地设计应符合下列要求：

（1）输电线路的防雷设计，应根据线路电压、负荷性质和系统运行方式，结合当地已有线路的运行经验、地区雷电活动的强弱、地形地貌特点及土壤电阻率高低等情况，结合线路结构不同进行差异化防雷设计，重要线路的防雷保护，需计算耐雷水平并通过技术经济比较，采用合理的防雷方式。

（2）处于沙戈荒地区的输电线路，接地不宜采用腐蚀性降阻剂，接地网埋深宜不低于1m。土壤电阻率高的地区，其接地体型式应加装石墨接地模块。

（3）通过耕地的输电线路，其接地体应埋设在耕作深度以下。

（4）处于环境敏感区域或接地敷设受限地区，可采用石墨接地等采用新型接地型式，减少土方开挖，保护环境，减少接地沟槽的开挖及植被的破坏。

架空线路设计时需按实际工程需求合理规划施工便道，方便开展机械化施工。

根据线路的实际情况，合理选择在线监测内容和装置。对同一输电走廊多条线路或环境条件相近地区，应统筹优化考虑现场布点，避免重复建设。

杆塔设计应符合下列要求：

（1）塔型规划在满足工程需要基础上应进行设计优化，减小根开及占地面积。城区及城郊等塔位受限地段，优先采用窄基钢管塔、钢管杆等占地面积少的杆塔。山区线路塔型宜采用全方位长短腿设计，提高杆塔适用性。

（2）应优化杆塔规划及其结构设计，结合机械化施工，优化构件长度，提高构件的承载能力，降低钢材耗量。

（3）积极采用 Q420 高强钢，减少杆塔钢材用量。大气环境腐蚀等级 C3～C4 地区，在条件允许时鼓励采用耐候钢，提高防腐性能；同时避免镀锌工序，降低环境污染。当环境极端最低气温低于 –40℃时：Q420 钢材质量等级应满足不低于 C 级钢的质量要求；导地线挂点处的构件不宜采用 Q420 高强钢；Q420 钢材制孔应采用钻孔工艺。耐候钢杆塔结构设计时，应考虑耐候钢的年腐蚀速率对构件截面特性的影响，构件单面腐蚀裕量应不小于 0.5mm；耐候钢的耐腐蚀性指数 I 应不小于 6.5。

（4）高海拔、强光照、自然保护区、风景名胜区及对光污染有特殊要求的地区宜使用亚光塔，减少光污染。杆塔表面亚光处理后光泽度 Gu 值应不大于 30。表面亚光处理后的杆塔构件厚度小于 5mm 时，镀锌层平均厚度应不小于 65μm，最小局部厚度应不小于 55μm；当构件厚度不小于 5mm 时，镀锌层平均厚度应不小于 86μm，最小局部厚度应不小于 70μm。

（5）沙戈荒地区输电线路选用平腿塔型，不宜采用高低腿塔型。

（6）积极整合架空杆塔与通信设备，建设共享杆塔，提高电力通道的空间资源综合利用率，降低投资，节约资源。在条件允许的情况下，可采用共享铁塔设计技术，同时实现通信、监控、充电、广告等功能，节约占地。

基础设计应符合下列要求：

（1）山区线路应根据地形条件设计不等高基础，宜实现零降基面，减少土石方开挖和水土流失。

（2）基础设计应贯彻绿色、低碳、环保理念，优先采用原状土基础型式。综合考虑地质、环境与施工条件，积极采用环保型基础和便于机械化施工并易于贯彻施工安全、可靠、高效要求的方案。综合考虑进场条件、地形地貌、地质条件等因素，合理选择基础形式，优先采用原状土基础，减少混凝土用量，减少泥浆和污废水排放。

（3）对土层松散的荒漠和沙漠地貌条件、工期要求紧的架空输电线路工程，可采用装配式基础，减少混凝土和土方量。

（4）装配式基础底板构件可采用钢筋混凝土板条式、型钢式、分块拼接式等；立柱可采用钢筋混凝土预制件、钢支架、钢管等型式；根据荷载条件、施工环境、工期要求等情况，选择适宜的装配式基础部件。装配式基础特点是自重轻，断面小，在施工现场拼装，主要用于缺少水及砂石采集较困难的地区。对于预制构件质量及尺寸大小要考虑到施工及运输的可能性，确定方案前作必要的综合经济比较。

（5）塔基周围应做好水土保持与植被恢复。施工时可以采用编织袋装土挡护、编织袋装土挡护、彩条布铺垫及苫盖、排水沟和泥浆沉淀池等临时措施。施工完成后可以因地制宜选用表土回覆、撒播草籽等植被恢复措施。

（6）因地制宜进行塔基余土处理。结合现场地形综合选择余土堆放点，余土堆放不得影响塔位稳定，必要时在塔位下坡侧修筑保坎控制堆土范围，将弃土堆放在塔基范围内，并在施工结束后恢复原始植被，防止水土流失。

（7）对于易滑坡和崩塌等部位应设置护坡或挡土墙等措施。对可能出现汇水面、积水面的塔位，应相应设计排水措施。护坡和挡土墙应在保证坡面稳定和坡体自身可靠的前提下，合理设计断面和布置方案，应采用小型、轻巧的型式。通畅良好的基面排水，有利于边坡及基础保护范围外临空面的土体稳定。塔位有坡度时，为防止上边坡汇水对基面的冲刷影响，可在上坡侧依势设置环状排水沟等措施排水。

（8）杆塔基础宜采用商品混凝土，减少对周围环境的影响。钢筋连接宜采用机械连接方式，避免钢筋焊接产生的光、气污染。

（9）合理使用高耐久性混凝土、高强钢筋，节约材料用量。混凝土结构构件中采用 400MPa 级及以上高强受力钢筋代替 HRB335 钢筋时，可以显著减少结构构件受力钢筋的配筋量，有很好的节材效果。在确保与提高结构安全性能的同时，可有效减少单位体积混凝土的钢筋用量。

（10）沙漠地区杆塔基础宜采用板柱基础、装配式基础，当地下水位较高时，可采用桩基础。戈壁地区可根据地质条件采用板柱基础、台阶基础、掏挖和挖孔桩基础。考虑机械化施工时需因地制宜优先选用挖孔桩基础。

（11）根据沿线塔位的气象、地形地貌、工程及水文地质条件、植被、风沙灾害、施工材料等资料，提出相应防风固沙措施。草方格沙障应选用不易被当地牲畜啃食的材料。如果设计线路附近有黏土、砂砾石等材料，应考虑利用。但在利用时，必须注意保护环境。

1）沙漠地区采用方格沙障固沙的方式，沙障宜按 1m×1m 布置。草方格采用沙柳或柠条等，外露高度为 20cm 至 50cm。石方格外露高度应不小于 20cm。

2）戈壁地区卵石可就地取材时，可采用卵石压覆加方格沙障固沙的方式。

3.2.2 电缆线路设计

电缆路径设计应综合考虑路径长度、施工、运行和维护方面等因素，统筹兼顾，做到技术可行、安全适用、环境友好、经济合理。

变电站电缆出线应按终期规模统筹规划，电缆土建设施有条件时应与市政建设同步实施，并宜按电网远景规划一次建成，减少重复施工对周边环境带来的影响，否则应为远期线路预留通道，减少后期工程实施难度。结合电网规划，土建管孔数量宜适当留有备用。

城区、园区、厂区等地下管线密集地区，应开展地下管线测绘工作。设计单位依据管线测绘成果，进一步细化路径方案，确定平面图和纵断面图，对于不满足施工和运行要求的管线应予以临时或永久迁改。

电缆敷设方式的选择应兼顾工程条件、环境特点和电缆类型、数量等因素，以满足运行可靠、维护方便和经济合理的要求。电缆数量较多且不具备重复开挖条件时，可采用保护管敷设。

综合考虑电网规划、施工运行要求等因素，优化电缆布置方式，尽量压缩构筑物尺寸，提高线路走廊的利用率，减少占地。

电缆敷设通道应与周围环境匹配。电缆通道位于人行道下方时，在盖板上方铺设地砖且与周围地面平齐；电缆线路埋设在城市绿化带时，其覆土厚度应满足恢复绿化植被的要求；电缆隧道在公共区域露出地面的出入孔、通风口等设置部位，宜避开公路、轻轨，其外观宜与周围环境景观相协调。

电缆导体截面的选择应参照现行行业标准计算。最小导体截面的选择，应满足规划载流量和通过系统最大短路电流时热稳定的要求。

对于路径较长的电缆线路，电缆金属护套接地系统宜选取分段均等交叉互联接地、双回路电缆相序排列优化等措施，减少电缆外护套环流，降低损耗。

对于高压交流电缆，当明确需要与环境保护协调时，电缆不得选用聚氯乙烯外护层。

在满足生产、运输、施工及感应电压要求的前提下，宜尽量增大电缆段长，减少接头数量。

电缆终端及接头结构型式的选择，应满足电缆电压等级、绝缘类型、安装环境和设备可靠性要求，并符合经济合理原则。电缆户外终端在人员密集区域或有防爆要求场所，应选择复合套管材质。与六氟化硫全封闭电器相连的 GIS 终端，其接口应相互配合；电缆 GIS 终端应具有与 SF_6 气体完全隔离的密封结构。电缆接头应具有与电缆本体相同的绝缘强度和防潮密封性能，其密封套还应具有防腐蚀性能。

交叉互联箱、接地箱宜尽量靠近接头设置，减少接地线和交叉互联线的长度。

隧道内电缆应积极应用电缆线路智能监控系统，如智能接地箱、故障监测装置、光纤测温系统等，降低运行阶段日常巡视过程中的人力成本。

在满足运输条件下，对于不能长时间封路地段，可采用装配式构件。

结合电网规划，土建管孔数量宜适当留有备用。

电缆沟沟壁、盖板及其材质构成，应满足承受荷载和适合环境耐久的要求。

排管管材宜选用强度高、耐久性好的环保型材质。单芯电缆的夹具及保护管应选用非铁磁性环保材料，降低电能损耗。电缆隧道内宜采用节能、噪声小的水泵，尽量减少与市政接口的数量。电缆隧道内照明应采用节能、防潮型灯具。

电缆支架系统采用钢材时宜采用螺栓连接的装配式支架，减少密闭空间焊接工作量，改善施工人员作业环境；同时方便后期维护，易于更换。采用预制装配式构件具有标准化程度高、质量稳定、工期大幅缩短、综合成本低、环境和谐等明显优势，结合工程具体情况可采用预制装配技术。

电缆构筑物设计时，应考虑安全、合理、可行的余土处理方案，尽量实现工程内部挖填方平衡或者外运综合处理。

3.2.3　三维设计

宜采用三维数字化设计，优选路径方案，优化塔位布置，进行精细化设计。设计过程实现三维选线、三维排位、导地线机械特性计算、碰撞检查和三维空间间隙校验、铁塔基础三维计算分析、通道清理工程量统计、材料表的自动统计生成等。设计成果更加形象，方案对比更加直观，构件连接和电气间隙校验更加准确，通道清理工程量和材料量的统计更加精准，数字化设计成果为工程后续施工和运维提供丰富的工程信息。

3.3　变电站电气设计

3.3.1　电气一次设计

变电站主接线应满足内蒙古电网输变电工程通用设计要求，主要电气设备应选用全寿命周期内维护量小、耗能低、占地少、环境友好的电气设备。

变电站主要电气设备应满足下列要求：

（1）变压器应采用低损耗变压器。变压器能效指标采用《电力变压器能效限定值及能效等级》（GB 20052）中 2 级能效标准。

（2）主变压器冷却方式宜采用自然油循环风冷或自冷；高压并联电抗器冷却方式宜采用自冷。图 3 为贺兰山 220kV 变电站 2 号主变压器风冷改造工程。

图 3　贺兰山 220kV 变电站 2 号主变压器风冷改造工程

（3）对于油浸式设备，有条件的地区，经充分论证的试点可采用耐火性强、无毒、可完全降解的植物绝缘油代替传统矿物绝缘油。

（4）户内布置的站用变压器宜采用干式变压器。

（5）有条件的地区 220kV 及以下电压等级 GIS 设备的母线、隔离开关等气室可采用 SF_6/N_2 混合气体，以减少温室气体排放。

（6）GIS 备用间隔的母线隔离开关宜随主母线一次建成。采用 220kV 双母线（不分段）接线的 GIS 配电装置可采用双断口隔离开关，也可采用母线隔离开关气室的线路侧预留过渡气室方式，以实现不停电扩建。

（7）新建变电站一次设备需按《关于下发变电一次设备在线监测配置应用原则的通知》（内电生〔2022〕149号文件）执行，以提升运检工作效率和设备状态管控能力，为变电站绿色运维打好基础。

（8）用于低温（年最低温度为−30℃及以下）、日温差超过25K、重污秽e级、城市中心区、周边有重污染源（如钢厂、化工厂、水泥厂等）的252kV及以下GIS，应采用户内安装方式，550kV及以上GIS经充分论证后确定布置方式。

变电站内导线选择合理，满足《导体和电器选择设计技术规定》（DL 5222）要求。导线截面积应按长期允许载流量校核，并按所在地区的海拔及环境温度进行校正。除配电装置的汇流母线外，较长导体的截面积宜按经济电流密度选择，以降低导体在全寿命周期内的损耗。

配电装置的布置应根据出线走廊规划的要求，综合考虑进出线间隔的排列、进出线方向和主变压器各侧的引线，应避免或减少各级电压架空出线和引线的交叉，并应便于扩建。在满足安全可靠、技术先进、经济合理、运行维护方便的前提下，配电装置的设计应坚持节约用地的原则，布置紧凑、合理。

电缆敷设及防火封堵应满足下列要求：

（1）站内电缆路径设计应综合考虑路径长度、施工、运行和维护方便等因素，统筹兼顾，做到技术可行、安全适用、环境友好、经济合理，供敷设电缆用的构筑物按变电站远期出线规划一次建成。

（2）电缆导体截面的选择应参照现行行业标准计算。最小导体截面的选择，应满足规划载流量和通过系统最大短路电流时热稳定的要求。

（3）高压交流电缆，明确需要与环境保护协调时，电缆不得选用聚氯乙烯外护层。在试点工程中经充分论证，110kV 及以下电缆可应用聚丙烯材料绿色环保电力电缆，积累建设、运行经验。

（4）电缆终端结构型式的选择，应满足电缆电压等级、绝缘类型、安装环境和设备可靠性要求，并符合经济合理原则。电缆户内终端应选择复合套管材质。与六氟化硫全封闭电器相连的 GIS 终端，其接口应相互配合；电缆 GIS 终端应具有与 SF_6 气体完全隔离的密封结构。电缆接头应具有与电缆本体相同的绝缘强度和防潮密封性能，其密封套还应具有防腐蚀性能。

（5）接地箱宜尽量靠近接头设置，减少接地线和交叉互联线的长度。

（6）电缆沟沟壁、盖板及其材质构成，应满足承受荷载和适合环境耐久的要求。

（7）单芯电缆的夹具及保护管应选用非铁磁性环保可再生材料，降低电能损耗。

（8）电缆支架系统采用钢材时宜采用螺栓连接的装配式支架，减少密闭空间焊接工作量，改善施工人员作业环境；同时方便后期维护，易于更换。

（9）电缆层推荐采用可调节自承式电缆支架，减少土建施工预埋、减少现场焊接作业。提高土建及电气安装效率。

（10）年最低温度在 −15℃ 以下应按低温条件和绝缘类型要求，选用交联聚乙烯、聚乙烯、耐寒橡皮绝缘电缆。低温环境不宜选用聚氯乙烯绝缘外护套电缆。

（11）变电站应采用无毒，且不对电缆产生腐蚀和损害的防火封堵材料。

接地系统应满足下列要求：

（1）根据项目所在地地址条件综合选取接地材料，并根据系统参数校验接地材料截面及稳定性参数。

（2）对于高土壤电阻率地区的降阻方案，若在变电站 2000m 以内有低电阻率的土壤时，应优先考虑敷设引外接地极；若地下较深处有低电阻率的土壤时，应优先考虑敷设引外接地极或井式、深钻式接地极，以减少降阻剂的使用。不应使用含有重金属或其他有毒成分的化学降阻剂。

（3）对于 110（66）kV 及以上电压等级新建、改建变电站，在中性或酸性土壤地区，接地装置选用热镀锌钢为宜，在强碱性土壤地区或者其站址土壤和地下水条件会引起钢质材料严重腐蚀的中性土壤地区，宜采用铜质、铜覆钢（铜层厚度不小于0.25mm）或者其他具有防腐性能材质的接地网。对于室内变电站及地下变电站应采用铜质材料的接地网。

变电站厂界噪声水平应满足国家标准《工业企业厂界环境噪声排放标准》（GB 12348）的要求。变电站设计应充分考虑变电站噪声对环境的影响。变压器安装地点宜采取有效的减振、隔声、吸声措施。户内布置的并联电抗器基础可独立设置，不与建筑物结构相连，以减少震动和噪声的影响。

特殊环境条件下，变电站设备应符合下列要求：

（1）对于干热沙漠区域变电站的配电装置采用户外设备时应满足《干热沙漠环境条件 电工电子设备通用技术要求》（GB/T

21708）标准要求。

（2）风沙地区户外隔离开关宜采用防风沙产品。

（3）风沙地区户外检修箱、配电箱及户外设备端子箱等箱体应采用不锈钢材质。防护等级应不低于 IP54 且符合《干热沙漠环境条件 电工电子设备通用技术要求》（GB/T 21708）标准要求。

3.3.2　电气二次设计

变电站二次系统设计、选型应满足绿色、节能、减排及智能高效的要求。变电站二次设备宜选择低功耗、国产芯片的产品。为降低功耗，积极选用功能集成型产品。

变电站应在精准设计的基础上优先选择预制光缆、电缆，以减少固体废物的产生。根据环境及模块化建设要求，对于户外变电站可采用预制舱式二次组合设备，预制舱的选择应满足运行维护的要求，并积极采用提高效率的新技术。

（1）变电站自动化系统应配置一键顺控功能，以提升变电站智能化水平，提高运维人员的工作效率。

（2）变电站应按照《变电站智能辅助监控系统建设指导意见（2022 版）》（Q/ND 10203 01—2022）设置辅控系统，应采用智能巡视技术，提高运维人员的工作效率。

（3）变电站应整体考虑保护、自动化、通信等二次设备的布置。二次设备室宜按规划建设规模一次建成，在便于巡视和检修的条件下，二次设备室布置应紧凑，应合理预留屏位。

3.3.3　建筑电气设计

现行国家标准《建筑照明设计标准》（GB50034）对工业企业电气照明光源、照明方式及照明种类、照度、灯具照明供电等都有明确要求，因此变电站照明设计也应符合该标准的基本规定。照明方式可分为：一般照明、局部照明、混合照明和重点照明。为照亮整个场所，均应采用一般照明；同一场所的不同区域有不同照度要求时，为节约能源，贯彻照度该高则高、该低则低的原则，应采用分区一般照明；对于部分作业面照度要求高，但作业面密度又不大的场所，若只采用一般照明，会大大增加安装功率，因而是不合理的，应采用混合照明方式，即增加局部照明来提高作业面照度，以节约能源，这样做在技术经济方面是合理的；在一个工作场所内，如果只采用局部照明会形成亮度分布不均匀，从而影响视觉作业，故不应只采用局部照明。

公共区域的照明系统宜采用分区、定时、感应等节能控制方法。有条件时，可采用关闭部分灯具、调光或其他自控措施，以节约电能。对于天然采光良好的场所，在临近采光窗的照明支路上设置光感器件等实现自动开关或调光；对于公共的楼梯间、走道等场所，在照明支路或灯具上设置人体感应器件等实现自动开关或调光；在地下车库照明支路装设控制装置及在灯具上装设感应装置，可根据使用需求分区域、分时段自动调节照度；对于门厅、夜景照明等场所，在照明支路装设控制装置降低深夜时段的照度等。户外照明宜采用自动节能控制，道路照明宜分布置；户内建筑的通道照明宜配置感应控制。

照明方式宜采用直接照明方式，不宜采用间接照明方式。在满足灯具最低允许安装高度及美观要求的前提下，宜尽可能降低安装高度，以节约电能。

灯具选型应选用配光合理、防止眩光的节能环保灯具，宜优先考虑 LED 灯具，以降低后期运维费用。有条件的地区可局部采用太阳能灯具。当选用单灯功率小于或等于 25W 的气体放电灯时，除自镇流荧光灯外，其镇流器宜选用谐波含量低的产品。非爆炸危险场所通用房间或场所照明功率密度限值应符合现行《建筑照明设计标准》（GB 50034）对照明节能的要求。

加快建设新型电力系统，助力新型能源体系构建是必须抓紧抓好的战略任务。内蒙古电力集团有序推进能源结构调整优化，努力实现能源生产清洁化、能源消费电气化、能源利用高效化。对具备条件的试点变电站，可先试先行推荐采用光伏发电、直流照明、智慧照明、智慧通风等新技术。光伏发电、风力发电可主要用于站内运维用电的清洁替代。中国光伏行业基本实现了全产业链国产化，2020 年的光伏行业年度大会上，国家能源局表示，要在"十三五"基础上大力推动光伏发电成本下降，行业发展驱动力将由补贴驱动向创新驱动转变。"十四五"期间的乐观目标为国内年均新增光伏装机规模达到 90GW，即 5 年内实现 2～3 倍的增长。在差异化竞争和政策补贴的驱动下，一方面光伏设备生产工艺水平不断进步，另一方面投资成本持续降低，国内光伏组件价格自 2009 年来已从约 20 元 /W 降至 2 元 /W 以内，系统成本从约 40 元 /W 降至 4 元 /W 左右，降幅约 90%。目前市场上的光伏组件，大致可以分为三类：单晶硅组件、多晶硅组件和非晶硅组件（薄膜组件）。单晶硅组件在弱光的情况下发电略好，光电的转换效率最高，但制作成本很大，目前是市场主流；多晶硅组件的制作工艺和单晶硅组件接近，转换效率比单晶硅组件低一点，优势就是制作成本和单晶相比便宜，性价比相对高；非晶硅组件的弱光发电较好，但是转换效率偏低并且不够稳定，从与建筑立面相结合的角度讲，非晶硅组件形式更加多样，可达到建筑师对美观的要求。在光伏组件选型时，通常用 LCOE（平准发电成本）来衡量光伏系统整个生命周期的单位发电量成本，在全投资模型下，LCOE 与初始投资、运维费用、发电小时数有关，在实际工程中，应结合具体情况分析选用。2022年1月18日，国内首座 110kV "零碳"变电站——由国网江苏省电力有限公司无锡供电分公司负责建设的 110kV 高巷变电站正式投入运行（见图 4）。除采用洁净空气 GIS 设备替代传统 SF_6 气体 GIS 设备、天然酯主变压器替代传统矿物油主变压器、一体化墙板替代现场拼装墙板、预制构件替代现浇构件等，通过安装 BIPV 屋顶光伏 120kW、碲化镉幕墙光伏 18kW，年发电量预计达到 14 万 kWh，光伏发电可满足站内运维用电清洁替代；站内设置 7kW 交流充电桩，可满足运维车辆的充电需求，设置 15s、500kW 超级电容，可使光伏电能更加平滑接入电网，减少其随机性、间歇性、波动性给电网带来的冲击。

图 4　高巷变电站光伏设备与建筑一体化

3.4 变电站土建设计

3.4.1 总图设计

场地总图设计应有效利用地域自然条件，尊重城市肌理和地域风貌，实现建筑布局、交通组织、场地环境、场地设施和线路管网的合理设计。图5所示为猎桥变电站融入城市肌理。

图 5 猎桥变电站融入城市肌理

变电站的规划设计应对场地可利用的自然资源进行勘查，充分利用原有地形地貌进行场地设计和建筑布局，尽量减少土石方量，减少开发建设过程对场地及周边环境生态系统的改变，包括原有植被、水体、山体等，特别是胸径在 15 ～ 40cm 的中龄期以上的乔木。场地内外生态连接，能够打破生态孤岛，有利于物种的存续及生物多样性保护。在建设过程中确需改造场地内的地形、地貌等环境状态时，应在工程结束后及时采取生态复原措施，减少对原场地环境的破坏。

变电站站址选择要因地制宜，靠近中心，进出线合理，交通便利，尽量不占用农田林地，提高土地利用率。变电站的站址选择，除应靠近电源中心外，还需兼顾规划、建设、运行和施工等各方面的要求，便于架空和电缆线路的引入和引出。避开滑坡、泥石流、地震断裂带等地质危险地段进行站址选择；场地周围应无危险化学品、易燃易爆危险源的威胁；无不良土壤的影响；尽量避开易发生洪涝的地区。

变电站总平面布置必须满足总体规划要求，预留发展用地应按最终规模一次征地。有效利用地域自然条件进行场地设计，实现建筑布局、交通组织、场地环境、场地设施和管网的合理设计。站区总平面布置尽量规整，站内工艺布置合理，功能分区明确。尽量将近期建设的建构筑物集中布置，以利分期建设和节约用地。变电站在兼顾出线顺畅的前提下，宜结合自然地形合理进行竖向布置，当站区地形有明显单向坡度时，宜采用台阶式布置，并根据土石方工程量的计算比较确定台阶的位置。场地设计标高应兼顾洪（潮）水位标高、场地排水、土质边坡条件等。

变电站的主出入口一般面向当地道路，便于引接进站道路。城市变电站的主入口方位及处理要求需与城市规划和街景相协调。结合地形综合考虑进站道路设计，可以利用已有道路或路基，站外道路建设应充分考虑施工临时道路与永久道路的结合利用。

场地的土石方宜结合建构筑物基础出土、室内回填土、地下管线沟槽和道路工程的土方量、绿化用土进行自平衡，也可与周边地块建设场地土方进行平衡，避免重复运输，力求减少外购土方和土方外运量。站外挖、填方边坡宜根据周围环境及边坡土质状况采取针对的绿色环保措施，如高陡边坡宜采取客土绿化、喷播绿化、生态植生袋等水保措施，防止水土流失，保护自然环境。涉及深基坑的构筑物工程，应一次性建成。

充分保护耕地农田，可考虑采用净地表层土回收利用等生态补偿措施。场地表层土的保护和回收利用是土壤资源保护、维持生物多样性的重要方法之一，也是提高绿化成活率、降低后期复种成本的有效手段。变电站的场地施工应合理安排，分类收集、保存并利用原场地的表层土。表层土有含水率较高、较为松散的特点，一般来讲，施工完成后需要恢复植被和绿化的场地，均可进行表层土利用，在实际设计中，需要根据具体情况分析确定，综合考虑施工区域土层厚度、肥沃程度及后续植物搭配等因素确定。当原场地无自然水体或中龄期以上的乔木、不存在可利用或可改良利用的表层土时，可根据场地实际状况，采取其他生态恢复或补偿措施。例如，在场地内规划设计多样化的生态体系，为本土动物提供生物通道和栖息场所等。

在城市地区，开发利用地下空间是城市节约用地的主要措施之一，也是绿色建筑评价的重要标志。地下空间可用于布置建筑设备机房、机动与非机动车库、仓储用房等。在土地资源极为紧张的城市中心，地下变电站也是一条可行之路。内蒙古自治区虽然从目前看土地资源相对丰富，但随着人口增长和城市化发展，城市中心的土地资源也可预见为紧张。例如在上海，大型变电站地下站点日益丰富，建成于 2010 年的静安站，直至今天仍是全球规模最大、技术最先进的 500kV 全地下变电站，它的投运从根本上解决了上海中心城区电力供应紧张的局面，优化了中心城区超高压电网的结构。地下变电站还可以大大提高地上的绿化率，据统计，目前上海中心城区大型变电站的平均绿化率达到

50%。图 6 所示为 500kV 静安变电站地面成为静安雕塑公园。

图 6　500kV 静安变电站 地面成为静安雕塑公园

变电站围墙型式应根据站址位置、城市规划、环境要求和安防要求等因素综合确定，宜优先选用与周边相匹配的装配式围墙（见图 7）。根据节约用地和便于安全保卫原则力求规整，地形复杂或山区变电站的围墙可结合地形布置。

图 7　装配式围挡

37

根据当地具体情况和规划要求，可考虑变电站根据场地绿化布置，就地取材选用对人体、环境无害的本地植物，以防风固沙为主，兼顾美观。尤其是在城市中建设的变电站，绿化也是城市环境建设的重要内容，推荐采用乔灌藤草的复层绿化方式，其维护费用更低，更适合缺水地区，生态效益也远高于大面积草坪。合理搭配乔木、灌木和草坪，以乔木为主，能够提高绿地的空间利用率、增加绿量，使有限的绿地发挥更大的生态效益和景观效益。在植物配置方面，应充分体现本地区植物资源特点，突出地方特色。选择合理的

在变电站整体改造时，应充分利用原有建筑、基础及构架。对于既有建筑的结构，可以进行结构加强和加固，采用合适的技术和材料，对既有建筑结构进行改造。另外建筑材料其作为围护结构的组成部分，影响着建筑室内空间的热环境，因此掌握建筑材料的热工性质对围护结构的修复和替换至关重要。同时，对建筑墙体、屋面、门窗等围护结构的构造类型和热工性能参数的掌握也十分关键。

3.4.2　建筑设计

1. 建筑节能

宜按照"被动式技术优先、主动式技术优化"的原则，优化功能空间布局，充分发掘场地空间、建筑本体与设备在节约资源方面的潜力。

被动式技术优先，主要指建筑围护结构的热工性能应是设计中首要考虑的，本小节主要阐述建筑被动式设计的几个方面。主动式技术优化，主要指机电系统的节能设计，比如高效的冷热源系统和输配系统，利用地源热泵、水源热泵、空气源热泵等高效

冷热源设备，再如高效的照明系统，根据自然采光的变化实现照明系统开闭，并采用 LED 等高效光源。

建筑的总体规划和总平面设计应考虑建筑的方位朝向、日照、主导风向、夏季的防热、自然通风等因素；还应综合考虑社会历史文化、地形、城市规划、道路、环境等多方面因素。

建筑朝向选择的原则是在冬季最大限度地利用日照，并避免大面积围护结构外表面朝向冬季主导风向。

严格控制建筑体形系数。单栋建筑面积大于 3000m² 的，体形系数控制在 0.3 以内；单栋建筑面积在 800～3000m² 的，体形系数控制在 0.4 以内；单栋建筑面积在 800m² 以内的，体形系数控制在 0.5 以内。

建筑物内隔墙型式应因地制宜，宜采用装配式轻质隔墙，使用新型、环保建筑材料，考虑节能环保、防火、防潮隔热等相关措施。

采用外保温时，外墙和屋面宜减少出挑构件、附墙构件和屋顶突出物，外墙与屋面的热桥部分应采取阻断热桥措施，变形缝也要采取保温措施。变形缝是保温的薄弱环节，加强对变形缝部位的保温处理，避免变形缝两侧墙出现结露问题，也减小通过变形缝的热损失。选型时，结合装配式要求优先选用保温一体化板。在多跨建筑中，尽量将冷热跨间隔布置，避免热跨相邻。

门窗的型式、尺寸、功能和质量应符合使用、节能、设备运输和安装检修的要求。外窗的设计需要综合考虑冬季得热与热损失、夏季及过渡季散热通风等多方面因素。

从冬季保温角度讲，在迎风面尽量少开门窗或其他孔洞，减少冷风渗透；处理好窗口和外墙的构造与保温，避免风、雨、雪的侵袭，可以减少建筑物外表面热损失，降低能源消耗。门窗与墙体缝隙处，如果不做特殊处理，易形成热桥，冬季会造成结露，因此要求对这些特殊部位采用保温、密封构造，特别是一定要采用防潮型保温材料，如果是不防潮的保温材料，其在冬季就会吸收了凝结水变得潮湿，降低保温效果。这些构造的缝隙要采用密封材料或密封胶密封，杜绝外界的雨水、冷凝水等影响。

另外，对于透明围护结构，需要控制总窗墙面积比不大于0.50，屋顶透光部分的面积与屋顶总面积之比不大于0.15。门窗选型优先选用断热铝合金窗+low-e中空玻璃，既可满足东西保温和得热要求，夏季还可以满足隔热要求。考虑内蒙古地区冬季主导风向，不宜在建筑北侧设置外门，或建筑北侧门不作为主出入口。当在建筑北侧设置外门时，必须设置门斗。夏季除最大限度地减少太阳辐射热，还应利用自然通风来降温冷却。注重利用自然通风，来确定外窗布置形式，合理地确定房间门窗的位置与面积、开启方式和通风的构造措施等，以达到节能的目的。以风压自然通风为主的建筑，其迎风面与夏季主导风向宜成60°～90°，且不宜小于45°。除特殊工艺要求时，外窗可开启面积不宜小于窗面积的30%。良好的自然通风环境既可改善建筑室内热环境，提高热舒适标准，又能通过良好的通风降低热岛强度，提高空调设备冷凝器的工作效率，有利于降低设备的运行能耗。变压器室、电容器室等对温湿度无严格要求的房间，常规运行条件下宜采用自然通风散热，减少机械通风。当自然通风能够满足排热要求时，变压器室、电容器室可不设空调设备；当自然通风不能满足排热要求时，可增设机械排风。选择窗扇时，采用阻力系数小、易于开关和维修的进、排风口或窗扇。不便于人

员开关或需要经常调节的进、排风口或窗扇，应设置机械开关或
调节装置。表1为内蒙古主要城市的冬季、夏季主导风向。

表 1　　内蒙古主要城市的冬季、夏季主导风向

城市	夏季最多风向		冬季最多风向	
	风向	频率（%）	风向	频率（%）
呼和浩特	C SW	36 8	C NNW	50 9
包头	C SE	14 11	N	21
赤峰	C WSW	20 13	C W	26 14
通辽	SSW	17	NW	16
东胜	SSW	19	SSW	14
满洲里	C E	13 10	WSW	23
海拉尔	C SSW	13 8	C SSW	22 19
临河	C E	20 10	C W	30 13
集宁	C WNW	29 9	C WNW	33 13
乌兰浩特	C NE	23 7	C NW	27 17
二连浩特	NW	8	NW	16
锡林浩特	C SW	13 9	WSW	19

屋面材料选择要以表皮的美学设计为基础，从防水、保温、燃烧性能、清洁维护、成本造价、耐久性等多角度进行对比分析。充分论证复合功能如光伏、屋顶绿化等的可实施性。种植屋面宜结合上人屋面设置，选用可靠的防水材料及完善的防排水措施，应进行植被种类在维护成本方面的比选，宜选用常绿形树种。屋面应充分考虑光伏系统的安装，混凝土屋面设置光伏时，光伏组件应通过特定的连接件与建筑结构体相连接。金属屋面应优先采用光伏一体化屋面形式，光伏组件和屋面连接节点易于安装及后续维保。屋面板、密封胶、螺钉等全系统采用等寿命设计，确保光伏组件寿命周期内的发电效率。两种方式均需要对组件及屋面构建使用寿命，组件抗风揭能力，屋面结构安全进行、防水、保温隔热等技术要求进行复核，对安装运营、检修维护等各方面通盘考虑。图 8 为金属屋面与光伏一体化安装。

图 8　金属屋面与光伏一体化安装

2. 材料节约

土建与装修一体化设计及施工，避免因装修施工带来的土建部分拆改。鼓励使用装饰和功能一体化构件，在满足建筑功能的前提之下，体现美学效果、节约资源。土建和装修一体化设计，要求对土建设计和装修设计统一协调，在土建设计时考虑装修设计需求，事先进行孔洞预留和装修面层固定件的预埋，避免在装修时对已有建筑构件打凿、穿孔。这样既可减少设计的反复，又可保证结构的安全，减少材料消耗，并降低装修成本。

3. 环境影响

变电站及进出线的电磁场对环境的影响，应符合现行国家标准《电磁辐射防护规定》（GB 8702）、《环境电磁波卫生标准》（GB 9175）和《高压交流架空送电线无线电干扰限值》（GB 15707）等的有关规定。《电磁辐射防护规定》（GB 8702）对职业照射和公共照射的电磁波的基本限值和导出限值进行了规定。《环境电磁波卫生标准》（GB 9175）对环境电磁波允许的辐射强度进行了规定，应根据周边影响范围的既有和规划建筑性质，确定执行的标准。《高压交流架空送电线无线电干扰限值》（GB 15707）对交流架空输电线路无线电干扰限值进行了规定。以上均为国家强制性标准，均应严格执行。

变电站噪声应首先从声源上进行控制，应采用低噪声设备。当变电站处于噪声控制严格地区时，变电站设计宜通过选择户内变布置方式，或采取设备隔振垫、吸声板、隔声屏障、实体围墙等措施，满足噪声控制要求。变电站噪声对周围环境的影响，应符合现行国家标准《工厂企业厂界环境噪声排放标准》（GB 12348）和《声环境质量标准》（GB 3096）的有关规定。《工厂企业厂界环境噪声排放标准》（GB 12348—2008），对工厂企业厂界噪声排放限值提出了要求，应符合表 2 的规定。同时，夜间频发

噪声的最大声级超过限值的幅度不得高于 10dB（A），夜间偶发
噪声的最大声级超过限值的幅度不得高于 15dB（A）。

表 2　　　　　工业企业厂界环境噪声排放限值　　　　dB（A）

厂界外声环境功能区类别	时段	
	昼间	夜间
0	50	40
1	55	45
2	60	50
3	65	55
4	70	55

　　场地若位于未划分声环境功能区的区域，当厂界外有噪声敏
感建筑物时，由当地县级以上人民政府参照《声环境质量标准》
（GB 3096）和《声环境功能区划分技术规范》（GB/T 15190）的
规定确定厂界外区域的声环境质量要求，并执行相应的厂界环境
噪声排放限值。

　　变电站的选址、设计和建设等各阶段，应符合水土保持的要
求，可能产生水土流失时，应采取防止人为水土流失的措施。山
区、丘陵地区水土流失防治分区可采用两级分区：一级分区按工
程特点分区，变电站分为 1 个区；二级分区按项目布局分区，即
①站区防治区、②进站道路防治区、③站外排水管防治区、④站
外施工电源设施防治区、⑤施工生产生活防治区、⑥还建设施防
治区。根据水土流失防治分区，在水土流失预测及分析评价主体
工程中具有水土保持功能工程的基础上，把水土保持工程措施、
植物措施、临时措施有机结合起来，形成完整的、科学的水土流

失防治措施体系和总体布局。

3.4.3 结构设计

建筑形体是影响结构材料用量及碳排放的重要因素。应综合考虑安全耐久、节能减排、易于建造等因素，择优选择建筑形体和结构体系，原则上应采用规则的建筑形体。建筑结构设计应根据抗震概念设计的要求，明确建筑形体和结构布置的规则性。建筑形体和结构布置的规则性，按照现行国家标准《建筑抗震设计规范》（GB 50011）的规定划分为：规则、不规则、特别不规则、严重不规则。规则指建筑形体和结构布置无不规则项。特别不规则的建筑应进行专门研究和论证，不应采用严重不规则的建筑。除场地条件限制，不得不采用一般不规则的建筑形体的情况外，由于输变电工程对建筑无异形需求，不应再标新立异地采用一般不规则甚至特别不规则的建筑形体。建筑形体及其构件布置的平面、竖向不规则性详见表 3 和表 4。

表 3 平面不规则的主要类型

不规则类型	定义和参考指标
扭转不规则	在规定的水平力作用下，楼层的最大弹性水平位移（或层间位移），大于该楼层两端弹性水平位移（或层间位移）平均值的 1.2 倍
凹凸不规则	平面凹进的尺寸，大于相应投影方向总尺寸的 30%
楼板局部不连续	楼板的尺寸和平面刚度急剧变化，例如，有效楼板宽度小于该层楼板典型宽度的 50%，或开洞面积大于该层楼面面积的 30%，或较大的楼层错层

表 4 竖向不规则的主要类型

不规则类型	定义和参考指标
侧向刚度不规则	该层的侧向刚度小于相邻上一层的 70%，或小于其上相邻三个楼层侧向刚度平均值的 80%；除顶层或出屋面小建筑外，局部收进的水平向尺寸大于相邻下一层的 25%
竖向抗侧力构件不连续	竖向抗侧力构件（柱、抗震墙、抗震支撑）的内力由水平转换构件（梁、桁架等）向下传递
楼板局部不连续	抗侧力结构的层间受剪承载力小于相邻上一楼层的 80%

　　根据以往工程经验给出的定性分析，严重或特别不规则建筑形体结构材料用量增加 5% ～ 15%，直接增加生产、运输和拆除阶段的碳排放 5% ～ 15%；严重或特别不规则建筑形体增加施工作业难度，间接增加建造、拆除阶段的碳排放 5% 左右；严重或特别不规则建筑形体增加运行期间的维护维修难度，间接增加运行阶段的碳排放 5% 左右。因此，严重或特别不规则的建筑形体一般会增加结构碳排放 10% ～ 25%，极端的会增加 50% 以上。基于以上数据，建筑形体的低碳设计应优选规则形体，其次不规则形体，避免采用特别不规则形体，严禁采用严重不规则形体。

　　结构体系的比选也应进行综合考虑，现有结构体系众多，且每一建筑均可通过几种结构体系来实现，因此选择低碳结构体系是绿色结构设计的重要方面。结构体系的低碳分析与具体的建筑形式有关，且相互差别较大，无法进行定量分析。对于小面积的变电站而言，可视情况选择钢结构体系或框架 – 剪力墙结构等。结构优化设计是结构减排的重要手段，结构设计应根据工程情况和结构计算结果，进行合理的优化设计，从而降低多余材料用量，以降低结构设计碳排放。结构设计应进行结构优化设计，避免过度设计。常见的过度设计情况包括：根据计算结果进行底限设计，不考虑工程实际情况，造成结构安全隐患；不恰当的过多预留配筋，既可能带来结构安全隐患（如梁钢筋预留过多，形成强梁弱柱），又增加碳排放。在优化设计中，可采取的主要措施包括：合理的计算输入，包括计算参数、荷载取值等；合理的结构设计，包括结构统一措施、结构配筋量取值等；合理预留富裕量，建议常规构件预留富裕量 10% 左右（特殊构件或特殊部位另行考虑）。一般来讲，进行结构低碳优化设计后，可以降低 3% ~ 5% 以上的材料用量。一个典型案例是内蒙古金山工程，金山工程率先采用户内钢结构厂房形式，节省占地面积 2200 余平方米，减少弃土工程量约 8040m³。图 9 为建设中的金山 500kV 输变电工程。

图 9　建设中的金山 500kV 输变电工程

　　有条件时，可适当提高建筑结构的耐久性。结构耐久性，即在环境作用和正常维护、使用条件下，结构或构件在设计使用年限内保持其适用性和安全性的能力。对于混凝土结构，耐久性应根据结构的设计工作年限、结构所处的环境类别和环境作用等级进行设计。一般情况下，应按照《混凝土结构设计规范》（GB 50010）进行耐久性设计，特殊情况下，应按照《混凝土结构耐久性设计标准》（GB/T 50476）进行耐久性设计。对于钢结构，耐久性包括防腐蚀、累计损伤、磨损问题等。应按照《钢结构设计标准》（GB 50017）和《建筑钢结构防腐蚀技术规程》（JGJ/T 251）进行设计。

　　根据《工程结构通用规范》（GB 55001—2021）中第 2.2.2 条，房屋建筑的工作年限不应低于表 5 中规定。普通的民用房屋设计工作年限均为 50 年。有研究表明，不同设计工作年限对结构碳排放有显著影响。当公共建筑实际运行一百年，设计工作年限不同时，其碳排放强度也显著不同，详见图 10，设计工作年限越长，建筑隐含碳排放越高，建筑运行碳排放年增长率越低。

表 5　　　　　　　　　　　　　房屋建筑工作年限表

类别	设计工作年限（年）
临时性建筑结构	5
普通房屋和构筑物	50
特别重要的建筑结构	100

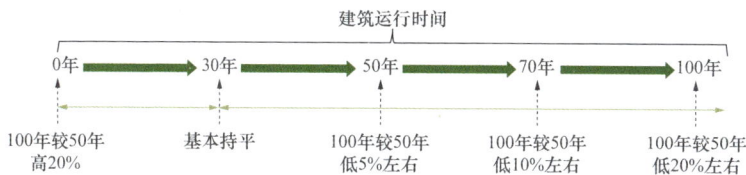

图 10　设计工作年限 100 年建筑与 50 年建筑的碳排放量对比情况

推荐采用耐久性能好的建筑结构材料，混凝土结构和钢结构应按照建筑全寿命周期的耐久性目标，在正常维护条件下能够保证结构正常使用。

严寒大风地区的变电站，避雷针设计应考虑风振的影响，结构型式宜选用格构式，以降低结构对风荷载的敏感度。当采用圆管型避雷针时，应严格控制避雷针针身的长细比。根据运行条件对风载进行评估后，按照设计原则选用适合强度等级的螺栓，螺栓规格不小于 M20，双帽双垫，并加强螺栓采购的品控工作。结合环境条件，避雷针钢材应具有冲击韧性的合格保证。

3.4.4　建筑材料设计

从自身需求出发，变电站一般不需要采用大面积的玻璃幕墙，一方面对节能较为不利，另一方面也易产生光污染。当由于各种条件约束，不得不采用玻璃幕墙时，应通过其可见光反射比以控制光污染。变电站建筑物外墙不宜选择玻璃幕墙，避免产生光污染。由于当地规划部门等要求，必须采用玻璃幕墙的，应控制其可见光反射比不大于 0.15。

应优先采用管线分离技术，对建筑围护结构和内外装饰装修构造节点进行精细设计。管线分离是指建筑结构体中不埋设设备及管线，将设备及管线与建筑结构体相分离的方式。管线与结构、墙体的寿命不同，给建筑全寿命期的使用和维护带来了很大的困难。建筑结构与设备管线分离设计，可有利于建筑的长寿化。建筑结构不仅仅指建筑主体结构，还包括外围护结构和公共管井等可保持长久不变的部分。建筑结构与设备管线分离设计便于设备管线维护更新，可保证建筑能够较为便捷地进行管线改造与更换，从而达到延长建筑使用寿命目的。根据之前一项研究表明，以消防电力线路为例，对比明敷和暗敷两种情况碳排放量分析（假设建筑全生命周期 50 年内需要更换一次管线），其中，明敷时需要包覆防火材料或涂刷防火涂料（防火涂料用量为 $0.12 \sim 0.16 \text{kg/m}^2$），具体情况如表 6 所示。可见，明敷后碳排放效果明显，即结构与建筑设备管线分离也是低碳的。

表 6　　　　　　消防电力线路明敷和暗敷两种情况下
碳排放对比　　　　　　　　　　　　　　kg/m

情况	SC20	SC25	SC32	SC40
暗敷剔 C30	58.233	78.057	104.253	126.378
暗敷剔 C50	75.999	101.871	136.059	164.934
明敷刷防火漆	33.912	42.701	52.750	60.288

外墙饰面材料、室内装饰装修材料、防水和密封材料等宜选用耐久性好、易维护、无毒的材料。合理选用可再循环材料、可再利用材料。在保证功能性的前提下，宜选用以废弃物为原料生产的利废建材。为了保持建筑物的风格、视觉效果和人居环境，装饰装修材料在一定使用年限后会进行更新替换。如果使用易沾污、难维护及耐久性差的装饰装修材料或做法，则会在一定程度上增加建筑物的维护成本，且施工也会带来有毒有害物质的排放、粉尘及噪声等问题。对采用耐久性好的装饰装修材料评价内容举例如表 7 所示。

表7　　　　　　　　耐久性好的装饰装修材料

分类	推荐做法
外饰面材料	采用水性氟涂料或耐候性相当的涂料
	选用耐久性与建筑幕墙设计年限相匹配的饰面材料
	合理采用清水混凝土
防水与密封材料	选用耐久性符合现行国家标准《绿色产品评价防水与密封材料》（GB/T35609）规定的材料
室内装饰装修材料	选用耐洗刷性≥5000次的内墙涂料
	选用耐磨性好的陶瓷地砖 室内装饰装修材料（有釉砖耐磨性不低于4级，无釉砖磨坑体积不大于127mm³）
	采用免装饰面层的做法

　　宜采用标准化构件和部件，使用集成化模块化建筑部品，提高工程品质，降低运行维护成本。采用高预制率的建筑型式，部品部件标准化设计，固化构件选型、构件模块化可以有效提高施工效率。应注重表皮及附属结构设计，推广使用集成化、模块化、预制式一般表皮结构和附属结构建筑部品，提高工程工厂化品质，降低运行维护成本。

　　预制装配式基础符合国家政策和未来发展方向。结合制作、运输、安装条件，优先采用整体预制方案。结合地基承载力、受力特征、制作条件、工艺需求等优化预制基础尺寸，细化基础连接节点及构造。做好设计、生产、施工三方协调，严格控制过程质量。

3.4.5　水暖设计

　　设计时，根据能源条件、价格以及地区节能环保政策对能源方案进行综合论证，合理利用太阳能、空气能等可再生能源以及余热资源。内蒙古的太阳能资源较为丰富，大部分地区年太阳能总辐射在 5000MJ/m² 以上，年日照时数为 2600～3400h，居全国第二位，可以进行充分的利用。对于变电站而言，太阳能是极好的生活热水热源，有较好的经济效益和环境效益。在站内采暖方面，可以尝试空气能作为主要能源来源，空气源热泵布置较为灵活，对不同建筑规模和冷热负荷都有很好的适应性。内蒙古的极端环境，最冷的北边，冬季气温普遍在 −30℃，恶劣的气候环境极大程度地限制了空气源热泵的采暖效率。但近年来，随着超低温空气源热泵产品的发展，其在严寒、寒冷地区也有了较好的适应性和较为广泛的应用，在冬季的采暖效率也得到了极大的提高。内蒙古自治区人民政府发布的内蒙古自治区人民政府办公厅关于印发自治区"十四五"应对气候变化规划的通知中提出，到2025年，全区清洁取暖率达到 80% 以上，因此发展可再生能源取暖势在必行。图 11 为呼和浩特和林商圈的空气源热泵设备。

图 11　呼和浩特和林商圈的空气源热泵设备

根据室内环境温度变化和相对湿度变化对设备的影响，合理配置空气调节设备。变电站的控制室、开关室、继电保护室、远动通信室等有空调要求的工艺设备房间，设置空调设施。蓄电池室应根据设备对环境温湿度要求和当地的气象条件，设置通风或降温通风系统。设备操作机构中的防露干燥加热，应采用温、湿自动控制。采暖、通风及空调设备应根据室内温度自动启停或定时启停，断电后恢复供电时应能自动启动。

变电站的生活污水应处理达标后复用或排放。位于城市的变电站，生活污水应排入城市污水系统，并应满足相应排放水质要求。生活污水处理后复用的，应根据用途，满足现行国家标准《城市污水再生利用 绿地灌溉水质》（GB/T 25499）、《城市污水再生利用 景观环境用水水质》（GB/T 18921）、《城市污水再生利用 城市杂用水水质》（GB/T 18920）的相关要求。生活污水处理后排放至天然水体的，应满足现行国家标准《污水综合排放标准》（GB 8978）的相关要求。排入城市污水系统的，应进行必要的局部处理。

3.5 协同与数字化

推荐采用三维设计的方式进行设计，与传统的设计行为相比，主要优势体现在以下几个方面：

（1）**设计可视化**。三维可视化功能不仅能用来生成各种设计效果图，还能支持可视化的沟通和决策过程，使得沟通内容更加直观，各专业设计师之间及与建设方、参建方之间的沟通更加充分，决策更为准确。

（2）**设计集成化**。三维设计集成化功能使得各专业设计人员可以在较为统一且直观的三维协同环境中进行设计，并进行阶段性的碰撞检测等，以便在设计阶段就解决施工中可能出现的碰撞问题，提高设计的可建造性。

（3）设计参数化。参数化设计使得各专业设计信息高度关联，形成一个有机的设计信息体，从而减少或避免由某一专业设计修改或变更所带来的其他专业设计的不一致性，以保证整体设计的统一性。

（4）设计模拟化。通过二次开发相关的设计工具，能结合三维模型进行各种模拟分析，如通风模拟、热能传导模拟等，这可为设计方案分析与优化提供支持。

由此可见，三维有助于解决上述建筑设计流程中存在的问题，从而提升设计的质量、效率和沟通效率。应用三维设计等数字化设计方式，可以实现设计协同、设计优化。

应用三维设计的工程项目，应确保不同专业的设计人充分利用共享的模型信息有效进行协同设计；三维设计实施前，各设计单位应建立协同工作机制、制定三维设计工作流程、确定三维设计实施方案。协调各专业之间合理共享模型信息，保障模型输入数据的准确性、完整性，以提高生产效率，保障针对后续阶段该模型拥有足够的信息接口或可拓展性。

协同设计机制的建立，需涵盖设计、生产、施工等不同阶段，实现生产、施工、运营维护各方的前置参与，统筹管理项目方案设计、初步设计、施工图设计。可以采用协同设计平台，集成技术措施、产品性能清单、成本数据库等，实现全过程、全专业、各参与方的协同设计，并宜根据各参建方的任务设置必要的权限。协同工作环境内的权限设置要充分考虑文件架构、用户角色、工作任务等，当文件架构、用户、任务发生变化时，权限也需要及时更改。有编辑权限文件的集合，被认为是各方的工作范围；划分权限工作范围时，一般需要尽量避免重叠；如果存在重叠部分，需要额外制定权限交互的规则。

应按照标准化、模块化原则对空间、构件和部品进行协同深化设计，实现建筑构配件与设备和部品之间模数协调统一。

宜集成三维设计、地理信息系统（GIS）、三维测量等信息技术及模拟分析软件，进行性能模拟分析、设计优化和阶段成果交付。

4 绿色施工

4.1 总体要求

4.1.1 绿色施工的理念和意义

建筑施工阶段是消耗资源能源最多、环境影响最直接的阶段，以"四节一环保"为宗旨的绿色施工是建筑业可持续发展的关键措施和重要途径。绿色施工前，需综合分析绿色施工评价、绿色施工的经济性、施工方案选择，确定哪些方面有待进一步的研究和探讨。施工过程中的费用支出由两部分构成，一部分是构成工程实体的材料净用量成本，另一部分是为了实现工程项目实体而支付的其他费用。缺乏对绿色施工过程中非工程实体成本的分析，而绿色施工既要求在施工过程中减少对资源能源的消耗，又要做到环境保护，将绿色施工和工程非实体工程成本结合起来进行综合判定。

需要注意的是，绿色施工不同于文明施工。绿色施工除了涵盖文明施工外，还包括采用新技术、新工艺，节约水、电、材料等资源能源。因此，绿色施工高于、严于文明施工。例如，《绿色施工导则》中对地下文物、资源、设施的保护，节材、节能措施等都有所规定。绿色施工也需要遵循因地制宜的原则，结合各地区不同自然条件和发展状况而开展，避免不必要的浪费。

绿色施工的根本宗旨就是要实现经济效益、社会效益和环境效益的统一。实施绿色施工并不意味着必须要高投入，影响工期和经济效益，相反会增进了施工单位的综合效益。众所周知，施工项目管理和施工现场管理的重心一直放在工程建设进度和成本管理、经济效益上，现场污染和浪费现象容易忽略，所以要加强绿色施工的管理，促进可持续性发展。

首先，绿色施工在履行环境保护、节约资源社会责任的同时，也节约了项目自身成本，促使工程项目管理更加科学合理。绿色施工是在向技术管理和节约要效益。绿色施工在组织管理、规划管理阶段要编制绿色施工整体策划实施方案，方案包括环境保护、节能、节地、节水、节材的措施，这些措施在投入的同时都将直接为工程建设节约成本。

其次，环境效益是可以转化为经济效益和社会效益的。在施工建设过程中，施工单位要注重环境保护，势必树立良好的企业形象，进而形成潜在效益，比如在环境保护方面，如果扬尘噪声、光污染水污染、土壤保护、建筑垃圾、地下设施文物和资源保护等控制措施到位，将有效改善建筑施工脏、乱、差、闹的社会形象。施工企业在施工过程中树立自身良好企业形象有利于取得较好的社会效益，保证工程建设各项工作顺利进行的同时，乃至获得较大的市场份额，加强企业竞争能力。所以说，项目在绿色施工过程中既产生了经济效益，也派生了社会效益、环境效益，最终形成项目的综合效益。

最后，对绿色施工和节能减排的认识要站在一个更广、更高的高度上，综合考虑问题，策划与组织实施。这个更广、更高的高度，就是要求不光从项目自身角度去考虑自身的经济效益和社会效益，同时还要站在整个社会层面和行业层面去考虑。响应国家号召、推动社会进步，会进一步提升企业的影响力。

4.1.2 程序与要求

在绿色策划阶段，就应明确绿色施工的目标，在施工阶段，予以组织和实施。绿色施工应符合现行国家标准《建筑工程绿色施工规范》（GB/T 50905）的要求，并达到《建筑工程绿色施工评价标准》（GB/T 50640）的优良等级，同时执行《输变电工程绿色建造评价管理办法》（Q/ND 20302 0501 02—2023）。

施工单位应编制绿色施工专项方案，主要包括"四节一环保"的目标及施工全过程的环保计划、管理措施、技术措施，以及针对性的职业健康安全和文明施工等内容。绿色施工内容遇有重大变更（诸如关键工序施工工艺改变、施工条件改变等直接影响到绿色施工效果），应及时调整施工专项方案，并经审批后实施。

应结合加工、运输、安装方案和施工工艺要求，对工程重点、难点部位和复杂节点等进行深化设计。

施工现场需制定消防疏散、卫生防疫、职业健康安全等管理制度和突发事件应急措施，保障人员身心健康。

4.1.3 协同与数字化

应延续绿色设计过程中的协同管理机制，在绿色施工阶段予以维护和完善，应建立与设计、生产、运营维护联动的协同管理机制。

项目前期就应该进行设计与施工协同，根据工程实际情况及施工能力优化设计方案，积极采用工业化、智能化建造方式，实现工程建设低消耗、低排放、高质量和高效益。在选材和施工方面尽可能采取工业化制造，具备稳定性、耐久性、环保性和通用性的设备和装修装饰材料，从而在工程竣工验收时室内装修一步到位，避免二次装修造成大量垃圾及已完成建筑构件和设施的破坏。需要辅以现场切割加工的块材、板材、卷材类材料，包括地砖、石材、石膏板以及木质、金属、塑料类等材料，尽量将相应的加工工作安排在工厂进行，施工前根据工程实际进行合理排版。工厂化加工制作不仅提高精度和减少材料浪费，还可减小现场的工作量和噪声排放。合理的排版可减少废料的产生。门窗、幕墙以及块材、板材、卷材加工应充分利用工厂化加工的优势，减少现场加工产生的占地、耗能，以及可能产生的噪声和废水排放。

鼓励在施工阶段更多地采用信息化技术，提高项目管理水平，降低技术、安全风险，保证工程质量、进度并提升经济和社会效益。可以积极运用 BIM、大数据、云计算、物联网以及移动通信等信息化技术组织绿色施工，提高施工管理的信息化和精细化水平。信息化施工是以建筑业信息化为总体目标，利用信息化技术在施工过程涉及的各部门、各环节中进行数据采集、处理、存储和共享的高效施工方式。随着计算机技术和网络的不断进步，以及和施工过程的不断融合，信息化技术已经越来越广泛地应用到施工中。建筑施工企业通过应用信息化技术，将施工技术、进度、质量、安全、环保问题，资金应用、财务及成本状况，法律和规章制度，材料设备供应情况和设计变更等内容有机地联系起来，实现人力、物力、财力等各方面的最优组合，促进施工技术和管理水平不断提高，保证工程质量、进度并提升经济和社会效益。

4.1.4　材料的选择与再利用

通过进行多层级交底的方式，可以更好地明确绿色设计重点内容、绿色建材产品使用要求，从而建立完善的绿色建材供应链，采用绿色建筑材料、部品部件等。2015 年，由国务院印发的我国实施制造强国战略第一个 10 年的行动纲领中，首次明确提出"打造绿色供应链"。国务院于 2017 年印发了《关于积极推进供应链创新与应用的指导意见》，2018 年商务部、工信部、生态环境部等 8 部门联合印发《关于开展供应链创新与应用试点的通知》，将构建绿色供应链列为重点任务，引导地方和企业践行绿色发展理念，提升绿色制造水平，实现供应链全程绿色化，促进生态环境质量改善。2016 年工信部发布了《绿色供应链管理评价要求》，可参照相关要求科学实施绿色供应链管理，加强对绿色供应链管理成效的自评估和第三方评价。

对于下游供应商，可要求部品部件生产应采用环保生产工艺和设备设施，并应严格执行质量管理体系、环境管理体系和职业健康安全管理体系。部品部件生产提高数字化、智能化水平，逐步实现精益生产、智能制造，同时与设计、物流、现场施工进行有效协同与联动。

减少建筑施工废弃物并资源化，是施工管理需要重点考虑的问题。建筑施工废弃物减量化应在材料采购、材料管理、施工管理，以及建筑拆除的全过程实施。建筑施工废弃物应分类收集、集中堆放，尽量回收和再利用，如混凝土可制作成再生骨料等。施工废弃物包括工程拆除和施工过程中产生的各类可回收和不可回收的施工废料、拆除物等，不包括基坑挖的渣土。通常拆除产生的废弃物多于常规施工废弃物。尽量减少拆除和施工中的废弃物产量，需要做好相应的施工组织设计和计划，并强调废弃物的回收利用，以最大限度地实现资源循环利用和减小对环境的不利影响。施工单位应编制施工现场建筑垃圾减量化专项方案，实现建筑垃圾源头减量、过程控制、循环利用。

4.1.5 先进技术推广

施工方案中，应加强绿色施工新技术、新材料、新工艺、新设备应用（简称"四新"），加强，优先采用"建筑业10项新技术"、电力行业五新技术，鼓励对传统施工工艺进行绿色化升级革新。各省市住建部门一般每年或隔年发布四新技术的推广目录，以促进四新技术推广应用，提升行业创新发展能力，助力经济社会发展。施工方案制定时，需要综合权衡推广目录中的推荐项目，条件适合时尽量采用。采用"四新"应用前，宜先期选取一项工程进行试点应用，确定无生产、施工及使用问题后逐步推广使用。"建筑业10项新技术"是四新技术的延伸。1994年，原建设部首次印发《关于建筑业1994年、1995年和"九五"期间推广应用10项新技术的通知》，并先后于1998年、2005年、2010年进行过3次修订，适时总结提炼最具代表性、推广价值的共性技术和关键技术，使技术内涵不断更新、提升、发展。20多年来，《建筑业10项新技术》在业内已形成品牌效应，覆盖面不断扩大，在提高工程质量、降低能耗、加快新技术普及应用等方面发挥了显著作用，已经成为建筑业技术进步的重要标志。其中，部分技术达到了当时世界领先水平，很多应用"建筑业10项新技术"的高、精、尖建设项目成为时代性或世界级的标志性工程。最新版的"建筑业10项新技术"的修订，组织国内建筑行业百位权威专家，通过广泛调查、系统研究，深入总结分析近年建筑业新技术发展成果，把握两个基点：一是"新"，即吸纳了大量的新技术、新材料、新工艺、新设备，在保证安全、可靠的前提下注重技术先进性；二是"用"，即能够在建筑业中切实值得推广，广大建筑企业能够有效使用，并取得好的应用效果。坚持新技术的通用性和扩大行业覆盖面，充分考量每项技术的适用性、成熟性与可推广性。经过众多专家反复研究论证，充分吸纳了近年来工程实践积累的先进技术，基本反映现阶段我国建筑工程最新技术成果。

4.2　线路施工

4.2.1　基础施工

基础施工时，现场土、料存放应采取加盖或植被覆盖措施，可采用电子交桩 GPS、RTK 定位设备桩位复核，以避免破坏自然地貌、植被。合理策划施工界面。施工机械化流水作业，场地规划，单基策划，一塔一图、一区段一策划，减少占地，减少树木砍伐。

施工材料堆放应设置临时堆放区，应按绿色建造策划、工程所在地相关政策确定相应绿色措施。材料进行隔层铺设、钢筋等材料按需取材、成品加工。平原、丘陵优先采用泵送混凝土，商品混凝土可采用矿渣、粉煤灰等水泥替代品。

合理选择运输道路，减少占用耕地。车辆进入施工现场做到不鸣笛，采取措施使机械设备的噪声在标准范围内。装卸材料做到防磕碰，相对强噪声设备做到布设在远离居民区、办公生活区一侧。施工现场仓库、作业棚、材料堆场等布置应尽量靠近已有交通线路或即将修建的正式或临时交通线路，缩短运输距离。

运送土方、垃圾、设备及建筑材料等，不污损场外道路。运输容易散落、飞扬、流漏的物料的车辆，必须采取措施封闭严密，保证车辆清洁。材料运输工具适宜，装卸方法得当，防止损坏和遗洒。根据现场平面布置情况就近卸载，避免和减少二次搬运。材料在转运过程中，应做好场地铺垫工作。砂石、水泥应铺垫彩条布，防止底层遗弃造成的材料浪费和土地污染。钢筋、地脚螺栓、钢管等应铺垫枕木，防止发生锈蚀，产生浪费。

平原、丘陵地区推广采用钢板等预制道路，减少现场湿作业，且应合理规划路径，减小长度，按需修筑，严控宽度，减少占地，垃圾处置应采用全封闭运输车运输至指定地点。

土石方工程开挖前应进行挖、填方的平衡计算，在土石方场内应有效利用、运距最短和工序衔接紧密，弃土应调配使用、就近消纳。土石方工程爆破施工前，应进行爆破方案的编制和评审，应采取防尘和飞石控制措施。现场土、回填土、砂子等散状颗粒物、运土坡道等宜采取密目网或苫布覆盖等措施以防止扬尘。对施工过程产生的泥浆应设置专门的泥浆池或泥浆罐车存储。应按设计要求弃土或将弃土远运，严禁将余土随意堆放而造成水土流失，以避免破坏自然地貌、植被。杆塔基础开挖土石方、材料、工器具应定置化放置并整齐有序，标识规范、铺垫隔离。基坑开挖时应严格控制坑口尺寸，尽可能减少对自然原状土的破坏，减少占地。

基础施工宜选用低噪、环保、节能、高效的起重机械、运输车辆、挖掘机、旋转挖机等机械化设备进行物料装卸、物料运输、场地平整、开挖或成孔、混凝土浇筑等各项施工作业。可采用标准索道运输减少因开辟马道对临时用地的占用和树木的砍伐。杆塔基础用料宜采用商品混凝土。在确保线路基础设计强度的前提下，可适度添加工业废料、矿山废渣、添加粉煤灰等，以减少水泥用量。杆塔基础养护采用覆盖保水养护，节约施工用水。基础施工宜采用可重复利用钢模板。

护坡、堡坎及排水沟等设施的砌筑应就地取材，减少运输、材料倒运造成的浪费与环境污染。

施工过程中涉及粉尘、扬尘工序时，应设置雾炮机，现场浮土、粉末状材料应全封闭覆盖，设置环境监测设备。废弃物资应集中回收利用，现场产生的垃圾应分类存放、定点处置。弃土、弃渣应采用全封闭运输车集中处理至指定地点，施工完毕后应对周边植被、地貌进行恢复，减少对周边环境的破坏与影响。

现场应分析辨认树种特别是珍稀的植物，在做好保护措施后进行移位、移栽，减少对植被的破坏。

草原地区在施工过程中，必须对参与施工的人员严格管理，禁止对施工区附近牲畜、野生动物违法捕杀。不得在野生动物栖息地和野生动物迁徙通道附近弃土设置施工营地等临时工地，避免惊扰野生动物。加快施工速度，缩短施工周期，尽可能减少施工过程对动物的不利影响。基坑施工阶段，在有野生动物的地方，每天施工完毕时采用隔离措施，防止牲畜、野生动物等误闯造成伤害。在野生动物出没地段，设置预告、禁止鸣笛等标志，施工结束后，及时清理施工现场，及时恢复遭受破坏地段的自然环境原貌。

掏挖基础基坑开挖施工前，必须检测坑内有无毒害气体和缺氧现象，并应有足够的安全防护措施；施工挖孔应采取可靠的通风设施，确保孔内作业时空气清新，避免缺氧。当开挖深度超过

10m时，还应配备专门向井内送风的设备。挖出的土石方应及时运离孔口，不得放在孔口四周5m范围内。扩孔段施工应分节进行，应边挖、边扩、边做护壁，严禁将扩大端一次挖至柱底后再进行扩底施工。

4.2.2 杆塔组立

杆塔组立宜选用低噪、环保、节能、高效的起重机械、落地摇/平臂抱杆等机械化设备进行作业。鼓励采用履带、轮胎式起重机等机械设备进行杆塔组立，减少地锚拉线造成的土地开挖，最大限度减少对土地的扰动，以保护周边自然生态环境。

采用抱杆组立铁塔时，优化施工地锚坑、拉线、控制绳布置、塔材堆放及组装，最大限度地减少农作物及植被的破坏。

杆塔施工，应减少临时施工占地，宜采用分段吊装、整体吊装方式，尽可能利用基础阶段临时占地，少增或不增临时占地。

施工用机械设置隔油布，防止油污渗漏对环境水体土壤的污染。

施工过程中应采用吊带、专业夹具、垫木、支撑木等保护措施加强塔材的保护，防止因塔材变形、镀锌层磨损造成的浪费和损失。

严格材料管理制度，加强材料保护措施。塔材、螺栓及工器具应定置化放置并整齐有序，标识规范、铺垫隔离，避免粗暴运输、强行组装带来的材料损毁。

杆塔组立过程中应加强对基础成品的保护。

4.2.3 架线施工

电压等级为220kV及以上线路工程的导线展放应采用张力放线，110kV线路工程的导线展放宜采用张力放线。采用人工放线时，应提前优化放线路径，严格控制放线通道砍伐宽度，减少林木砍伐量，最大限度减少农作物损坏。金具、绝缘子等附件及工器具应分类放置整齐，并做到标识规范、铺垫隔离。

导引绳牵引及导地线展放宜采用无人机、牵引机等机械设备，减少放线通道开辟和树木砍伐。

架线施工应合理优化放线施工段。严格按计算布线，减少导线损耗。通过调整导线标准定长，减少压接管损耗和短线头数量。跳线安装推广使用装配式安装技术，降低导线损耗。

合理选择张牵场地，适度加大放线段长度，张牵场地临近道路。

架线施工场地在施工结束后应及时采取措施恢复植被；在生态脆弱的地区施工完成后，进行地貌复原。

金具、绝缘子等附件起吊过程中应避免发生挤压或碰撞；高空作业施工应避免工器具与绝缘子磕碰，降低材料损耗。

架线施工中需要设置地锚的，应优先利用杆塔组立施工阶段设置的地锚，减少植被破坏。

4.2.4　接地施工

在满足设计要求的情况下，接地装置要结合具体塔位参数下料加工，减少材料的浪费，也便于接地体的敷设施工，减少对环境的影响。

接地体施工应依托现场地形条件，远离管道等障碍物，减少对周边环境的影响。

4.2.5　电缆土建施工

土石方工程开挖前应进行挖、填方的平衡计算，在土石方场内应有效利用、运距最短和工序衔接紧密，弃土应调配使用、就近消纳。土石方工程开挖应按绿色施工要求进行分析，制定合理的土石方处理方案。

现场土方应统一策划和管理，分类使用，事先做好土方外运计划及永久弃土场地的选择。外购土运输应规划路线，采用全封闭式运输车。回填土宜采用现场开挖土，尽量做到土方平衡。基坑开挖原土的土质不适宜回填时，宜采取土质改良措施后加以利用。积极推广采用往复式土方平衡、湿法作业防尘，有效节地，减少环境污染，竣工后应进行植被恢复。

现场土、料存放应采取加盖或植被覆盖措施。施工现场应当采取喷雾、喷淋或者洒水等扬尘污染防治措施，路面挖掘、切割、破碎等作业时，绿化种植土、弃土、余土作业时，预拌干混砂浆施工，场内装卸、搬移易产生扬尘污染的物料，其他产生扬尘污染的部位或者施工阶段。喷雾、喷淋降尘设施应当分布均匀，喷雾能有效覆盖防尘区域，土方作业期间遇干燥天气应当增加洒水次数。

合理选择运输道路，减少占用耕地。车辆进入施工现场做到不鸣笛，采取措施使机械设备的噪声在标准范围内。装卸材料做到防磕碰，相对强噪声设备做到布设在远离居民区、办公生活区一侧。

水泥、混凝土、钢材等主要建材在施工前宜做好材料的详细采购供应计划，避免造成浪费；应准确、及时跟进材料进场管理，减少材料二次搬运的时间与成本。

鼓励采用建筑用成型钢筋制品加工与配送技术。钢筋现场加工时，宜采用集中加工方式。

电力隧道结构围护及基坑建造时须做好泥浆外运及环境保护

工作，同时采取导流沟和泥浆池等排浆及储浆措施，避免泥浆外流。

顶管、盾构隧道施工时应统筹安排垂直和水平运输机械，土方外运、材料下井等垂直运输应充分利用现场的门式起重机作业，减少汽车吊的使用频率。

顶管、盾构隧道施工时应利用皮带机外运渣土等方式提高现场机械化应用程度。

电力隧道顶管管节及盾构管片宜采取工厂化加工，制作时准确预留、预埋；存放和运输应采取防止变形和损坏的措施；加工和进场顺序应与现场安装顺序一致，不宜二次倒运。

施工中的盾构机、龙门吊等大型机械耗能设备应定期监控能耗情况。

施工现场宜采用施工全过程垃圾循环利用的方法措施，健全废材回收制度，减少固体废弃物的排放量。

城区、园区、厂区等地下管线密集地区开工前，建设管理单位要组织测绘、设计、施工、监理等单位开展地下管线技术交底，明确管线类型、管道材质、埋深等情况，施工单位需提前进行探挖，摸清地下管线后，方可采用机械施工。

4.2.6　电缆敷设及附件安装

敷设前应按设计和实际路径计算每根电缆的长度，合理安排每盘电缆。电缆盘展放位置的选择应考虑电缆敷设机具的能耗，使电缆从电缆盘引出到最终位置移动的距离最小，且满足电缆最小弯曲半径的要求。

当电缆展放位置为固定地点或敷设场地狭小不具备使用液压展放车的条件时，宜选用电缆盘支撑装置。

电缆盖板起重吊装时，应合理安排吊机位置，充分利用土地资源，避免吊装作业在繁华路段、行人较多处进行。

电缆敷设过程应根据施工要求与实际情况决定输送机械的数量及位置，提高设备利用率。

电缆敷设及附件安装宜避开冬季供暖期施工。如需在冬季敷设环境温度低于 0℃时，敷设前应对电缆进行加热，加热地点的选择应靠近敷设地点，减少能源消耗，并在敷设过程中对电缆盘做好保温措施。

对电缆绝缘主体进行打磨时应做好半导电颗粒的清理工作，减轻粉尘污染。电力隧道动火作业时需严格执行有限空间气体检测标准，并做好现场通风及人员防护工作。

电缆附件以及防火隔板、涂料、包带、堵料等防火材料，其贮存保管应严格按厂家的产品技术性能要求保管、存放，避免材料失效、报废。

电缆附件安装应有无尘化施工环境控制措施，安装环境温湿度及洁净度应达到相关标准作业要求。

电缆 GIS 终端头完成耐压试验后，试验套管内的六氟化硫气体应专业回收。制作中和真空处理时，从电缆中渗出的油应及时排除，不得寄存在瓷套或壳体内。施工完毕后应拆除施工电源，清理施工现场，施工垃圾分类存放，确保施工环境无污染，做到"工完料净场清"。

电缆防火涂料涂装作业过程中应采用遮蔽措施，避免造成环境污染。

4.3 变电站电气施工

4.3.1 变电站临电施工

临时用电宜采用节能变压器，应合理布置临时用电线路，减少电缆布置长度。应选用节能器具，合理采用声控、光控和节能灯具；照明照度在满足现场安全施工等要求的前提下，宜按最低照度设计。

应结合工程所在地地域特征，积极利用太阳能、风能等适宜的可再生能源。鼓励应用施工现场太阳能光伏发电照明技术，用于路灯、加工棚照明、办公区廊灯、食堂照明、卫生间照明等施工现场临时照明。

施工现场宜错峰用电。施工机具设备宜采用变频电机设备等节电设备，用电设备宜采用自动控制装置。

施工电源设施周围设置明显的安全警示标志，使用过程做好隔离防护及防触电预防措施。

4.3.2 电气大件设备进场

电气大件设备进场需由厂家现场实地勘察、编制运输方案。以确保设备供货运输满足安装工期要求。

设备、材料及备品备件运输车辆，物资单位应提前要求厂家进行登记备案，提供相应车辆绿色环保资料，符合相关国家规定的，予以上路。车辆进站前，应进行登记，并留存车辆绿色环保资料复印件。

4.3.3 电气主设备安装施工

线圈类设备安装应符合下列要求：

（1）绝缘油到场后应设置专门区域堆放，地面应设置严格的防油措施，做好防渗漏及收集和处理工作；严禁直接放置于草坪、土壤上，存放容器应为专用油罐，不应使用储放过其他油类或不清洁的容器。油罐应接地，严禁多个油罐串联接地。

（2）真空注油、热油循环、滤油前，应对设备、油管、连接阀等进行检查，避免工作中绝缘油的泄漏及杂质进入器身。滤油时，主变压器、滤油设备及油管路应进行接地。

（3）内检后，条件允许时，使用无损检测方法对主变压器内部进行检查，防止异物遗留。

气体绝缘金属开关设备安装应符合下列要求：

（1）GIS安装应采用无尘化安装，施工区域的环境洁净度等级需达到ISO14644标准，现场应配备风淋房、颗粒物检测仪、温湿度计、除湿器、空气净化器等，室外作业应搭建防尘室等，室外作业GIS、罐式断路器现场安装时应采取防尘棚等有效措施，确保安装环境的洁净度。800kV及以上GIS现场安装时采用专用移动厂房，GIS间隔扩建可根据现场实际情况采取同等有效的防尘措施。

（2）组装GIS安装前，现场应设置六氟化硫气体检测报警装置，应检查风扇等通风装置能够正常使用。

（3）设备吊装应使用尼龙吊带，现场施工人员严禁吸烟，设备内腔作业人员应着连体防尘服、佩戴口罩、手套。

（4）抽真空、注气前，应对设备、气管、连接阀等进行检查，避免六氟化硫气体泄漏。

（5）六氟化硫气瓶的搬运和保管，应注意六氟化硫气瓶的安全帽、防震圈应齐全，安全帽应拧紧；气瓶应存放在防晒、防潮和通风良好的场所；六氟化硫气瓶应独立存放，不得与其他气瓶混放。

（6）现场安装时应配备气体回收装置。当气室已充有六氟化硫气体，且相关试验合格时，可直接补气。

（7）新建、扩建工程中需要回气时，应使用气体回收装置回收气体，严禁在现场直接排放六氟化硫气体，回收的气体应专门统一处理。

（8）安装结束后应进行六氟化硫气体检漏，发现泄漏的，应及时采取临时封堵，现场无法有效处理的，应迅速使用气体回收装置回收气体，并安排返厂检修。

（9）条件允许时，使用 X 光等无损检测方法对 GIS 内部进行检查，防止异物遗留。

（10）对于采用环保气体代替传统 SF_6 气体的组合电器，设备安装时重点要求如下：

1）气体表计需特殊表计气体组成成分及占比，压力报警值等信息；

2）环保气体需采用专用气瓶存放，临时存放点需做好隔离防火措施；

3）环保气体充放气前需检查经检查合格；

4）环保气体充气时使用专用工器具需取得检验合格证；

5）施工方需根据组合电器厂家提供的混合气体检验指导文件进行取样检测。

六氟化硫断路器设备安装应符合下列要求：

（1）六氟化硫断路器到达现场后应对设备气体管道应进行重点防护，避免遭到腐蚀，致使六氟化硫气体泄漏。气体的管理以及抽真空、注气参照气体绝缘金属开关设备。

（2）六氟化硫断路器原则上不在现场进行解体，220kV及以上电压等级的罐式断路器原则上不在现场进行内检，如需进行现场解体及现场内检时，应按 GB 50147 中相应规定进行施工。

（3）安装结束后应进行六氟化硫气体检漏，发现泄漏的，应及时采取临时封堵，现场无法有效处理的，应迅速使用气体回收装置回收气体，并安排返厂检修。

母线类材料安装应符合下列要求：

（1）母排、导线等焊接、切割应在材料加工区统一制作完成，同时采取遮挡焊接强光、焊烟净化等减少环境污染的措施。矩形母线不得进行热弯，制弯时应减少直角弯曲。

（2）软母线压接场地应有防止母线与地面刮擦的防护措施；管型母线焊接宜采用氩弧焊，应采用防风措施，焊接过程不得中断氩气保护；构架焊接、切割应具有防飞溅措施，焊渣等应及时清理。

盘、柜二次接线施工应符合下列要求：

（1）导线与电气元件间不宜采用焊接，宜采用螺栓连接、插接以及压接等方式。

（2）设备内二次接线宜使用预制线或直接在场内完成装配。

（3）设备吊装采用轮胎式起重机进行卸车、转运。采用室内运输小车或滚杠进行室内运输、就位、安装。开关柜因质量较大，当室内运输小车不便使用时，可用滚杠进行室内运输、就位、安装。

电缆敷设及防火封堵施工应符合下列要求：

（1）电缆敷设的路径应合理安排，在满足安全及使用要求的前提下，力求路径短、转弯少、交叉少、便于扩建。

（2）电缆、设备孔洞封堵堵料、电缆防火涂料应采用阻燃、无污染的绿色材料。

（3）施工期间应做好电缆和电缆附件的防潮、防尘、防外力损伤措施。在现场安装 110（66）kV 及以上电缆附件之前，其组装部件应试装配。安装现场的温度、湿度和清洁度应符合安装工艺要求，严禁在雨、雾、风沙等有严重污染的环境中安装电缆附件。

4.4　变电站土建施工

4.4.1　地基与基础工程

1. 土石方工程

土石方工程是施工过程中影响环境、工期、资源利用和费用的重要方面，其施工应注意以下几个方面：

土石方调配是工程建设基本组成部分，土石方调配即土石方分配工程，是指在施工过程中为了形成水坝、地下洞室、路基等具有特定物理和空间属性的建筑物，而对土方进行开挖、填埋、运输的过程。土石方工程开挖前应进行挖、填方的平衡计算，在土石方场内应有效利用、运距最短和工序衔接紧密。土石方调配方案编制完需要进行方案的优化，方案的优劣直接影响工程项目的成本，在土石方场内应有效利用、运距最短和工序衔接紧密；弃土应调配使用、就近消纳，余土应分类堆放和运输。

土石方工程开挖应按绿色施工要求进行分析，制定合理的土方处理方案。在受污染的场地进行施工时，应对土质进行专项检测和治理。

　　土石方工程爆破施工前，需要进行爆破方案的编制和评审，并采取防尘和飞石控制措施，包括清理积尘、淋湿地面、外设高压喷雾状水系统、设置防尘排栅和直升机投水弹等。现场土、料存放采取加盖或植被覆盖措施，土方、渣土装卸车和运输车采取防止遗撒和扬尘的措施。图 12 所示为绿网覆盖。土石方作业区内扬尘目测高度应控制在 1.5m，不得扩散到工作区域外。

采用6针绿色防尘网　　　　　搭接长度不小于15cm

图 12　绿网覆盖

2. 桩基工程

　　成桩工艺可分为非挤土桩、部分挤土桩和挤土桩。应根据工程设计文件要求，根据桩的类型、使用功能、土层特性、地下水位、施工机械、施工环境、施工经验、制桩材料供应条件等，按安全适用、经济合理的原则结合当地实际情况进行选择。对于框架—核心筒等荷载分布很不均匀的桩筏基础，可以选择基桩尺寸和承载力可调性较大的桩型和工艺。抗震设防烈度为 8 度及以上地区，不宜采用预应力混凝土管桩（PC）和预应力混凝土空心方桩（PS）。对于内蒙古自治区，抗震烈度达到8度的城区主要在呼和浩特市新城区、回民区、玉泉区、赛罕区、土默特左旗，包头市土默特右旗，乌海市，赤峰市元宝区、宁城县，鄂尔多斯市达拉特旗，巴彦淖尔市杭棉后旗、磴口县、乌拉特前旗、乌拉特后旗及阿拉善盟阿拉善左旗、阿拉善右旗等。抗震设防烈度的划分应按照现行国家标准《建筑抗震设计规范》（GB 50011）的规定执行。

一般情况下，尽量不采用人工挖孔成桩。必须采用人工挖孔成桩时，需要配套采取护壁、通风和防坠落措施。

混凝土灌注桩施工时，泥浆护壁成孔时，应采取导流沟和泥浆池等排浆及储浆措施，防止泥浆外溢。混凝土灌注桩施工时，施工现场应设置专用泥浆池，并及时清理沉淀的废渣。鼓励应用泥浆固结等新技术。

为在城区或人口密集地区施工混凝土预制桩和钢桩时，推荐采用静压沉桩工艺。由于静压桩完全避免了锤击打桩所产生的振动、噪声和污染，因此施工时具有对桩无破坏、施工无噪音、无振动、无冲击力、无污染等优点。

工程桩桩顶剔除部分的再生利用方案，可参考现行国家标准《工程施工废弃物再生利用技术规范》（GB/T 50743）的规定执行。

3. 地基基础

地基基础施工应着重处理扬尘、噪声以及地下水资源的问题。

换填法施工时，回填土施工应采取防止扬尘的措施，施工间歇时应对回填土进行覆盖；当采用砂石料作为回填材料时，宜采用振动碾压；灰土过筛施工应采取避风措施；开挖原土的土质不适宜回填时，应采取土质改良措施。采用砂石回填时，砂石填充料应保持湿润，并及时清理。喷射混凝土施工宜采用湿喷或水泥裹砂喷射工艺，并采取防尘措施。喷射混凝土作业区的粉尘浓度不应大于 $10mg/m^3$，喷射混凝土作业人员应佩戴防尘用具。

在噪声处理方面，应注意强夯法施工不宜使用在城区或人口密集地区。

高压喷射注浆法施工的浆液应有专用容器存放，置换出的废浆应收集清理。

基坑支护结构采用锚杆（锚索）时，宜采用可拆式锚杆，或称可回收预应力锚杆，意即由锚头锚具、筋体及承载体维持预拉力，经解锁锚具实现筋体回收功能的预应力锚杆，简称可回收锚杆。其与不可回收预应力锚杆的区别在于锚杆使用功能完成后可以回收筋体。

在地基施工时，对于地下水控制，应注意基坑降水尽量采用基坑封闭降水方法，同时基坑施工排出的地下水应加以利用，采用井点降水施工时，地下水位与作业面高差宜控制在 250mm 以内，并应根据施工进度进行水位自动控制。当无法采用基坑封闭降水，且基坑抽水对周围环境可能造成不良影响时，采用对地下水无污染的回灌方法。用于地下水回灌的水质，一般含重金属及难以降解的有毒物质应参照生活饮用水水质标准，以防污染地下水。

4.4.2 主体结构工程

1. 钢筋工程

在主体结构施工中，钢筋工程的用料及工时均占有较大比例。采用专用软件优化钢筋的放样下料，根据优化配料结果确定进场钢筋的定尺长度，在满足相关规范要求的前提下，合理利用短筋，可大大提高材料的有效利用率。目前，很多工程管理粗放，项目的钢筋损耗达到 3% ～ 5%，超出了国家与地方给定的损耗水平。钢筋放样大多由劳务队主导，成为总包管理中最短的那块板，需要通过构建精细放样来补上。在流程管理中，改变传统的放样工作模式，由放样人员和技术人员、预算人员等共同读图审图，以达到信息对称，并对构件进行关键点的分析，同时使料单审查真正得到落实。通过放样管理，可采用建筑用成型钢筋制品加工与配送技术，实现精准下料、精细管理，降低钢筋材料损耗率。进场钢筋原材料和加工半成品应存放有序、标识清晰、储存环境适宜，采取防潮、防污染等措施，建立健全保管制度。钢筋现场加工时，尽量采取集中加工方式，实现现场的小型规模化效应，也有利于余料的再次利用。

钢筋连接宜采用机械连接方式。钢筋机械连接是一项新型钢筋连接工艺，被称为继绑扎、电焊之后的"第三代钢筋接头"，具有接头强度高于钢筋母材、速度比电焊快 5 倍、无污染、节省钢材 20% 等优点，在装配式建筑中，得到了更加广泛的应用。常用的钢筋机械连接接头类型包括套筒挤压连接接头、锥螺纹连接接头、直螺纹连接接头等。

钢筋在现场处理时，也需要注意其对环境的污染。钢筋除锈时，需要采取避免扬尘和防止土壤污染的措施。钢筋加工产生的粉末状废料，应收集和处理，不得随意掩埋或丢弃。钢筋安装时，绑扎丝、焊剂等材料应妥善保管和使用。散落的余废料应收集利用。

2. 模板工程

模板制作、安装及拆除是施工中一道重要的工序，它不仅影响混凝土的外观质量、制约混凝土施工速度、影响材料用量，同时它对混凝土工程造价也影响很大。首先，制定模板及支撑体系方案时，应贯彻"以钢代木"和应用新型材料的原则，尽量减少木材的使用，保护森林资源。其次，应选用周转率高的模板和支撑体系。施工现场目前使用木或竹制胶合板作模板的较多，有的直接将胶合板、木方运到作业面进行锯切和模板拼装，既浪费材料又难以保证质量，还造成锯末、木屑污染环境。所以，当采用木或竹制模板时，推荐采取工厂化定型加工、现场安装的方式，如在现场加工此类模板时，应设封闭加工棚，防止粉尘和噪声污染，不在工作面上直接加工拼装。为提高模板周转率，提倡使用工厂加工的钢框木、竹胶合模板，或选用可回收利用高的塑料、钢、铝合金等材料。鼓励应用组合铝合金模板、组合式带肋塑料模板施工技术。最后，推荐采用使用大模板、定型模板、爬升模板和早拆模板等工业化模板及支撑体系。

传统的扣件式钢管脚手架，安装和拆除过程中容易丢失扣件且承载能力受人为因素影响较大，因此提倡使用承插式、碗扣式、盘扣式等管件合一的脚手架材料作脚手架和模板支撑。推广使用销键型脚手架及支撑架、电动桥式脚手架等模板脚手架技术。销键型钢管脚手架及支撑架是通过楔形插销连接的新型脚手架及支撑架。其中包括盘销（扣）式钢管脚手架、键槽式钢管支架、插接式（套扣式、轮扣式）钢管脚手架等，目前较多的是作为模板支撑架。销键型脚手架由于采用低合金结构钢为主要材料，在表面热浸镀锌处理后，与钢管扣件脚手架、碗扣式钢管脚手架相比，在同等荷载情况下，材料可以节省 1/3 左右，产品寿命长，有比较好的环保价值和经济价值。电动桥式脚手架更适合大型建筑作业。

模板工程的材料回收利用是其绿色施工的另一个重要方面。模板及脚手架施工时，及时回收散落的铁钉、铁丝、扣件、螺栓等材料；短木方可叉接接长，木、竹胶合板的边角余料可拼接并利用。在拆除回收时，按支设的逆向顺序进行，不得硬撬或重砸，否则会破坏模板的再利用率；拆除平台楼层的底模，可以采取临时支撑、支垫等防止模板坠落和损坏的措施，并应建立维护维修制度。

模板脱模剂推荐选用环保型产品，并派专人保管和涂刷，剩余部分应加以利用。不推荐采用机油等油类脱模剂，使用机油容易发黑发黄，不仅污染了混凝土表面，也污染模板，影响二次涂装，环保性能差；且机油等有燃点，存在安全隐患。

3. 混凝土工程

在混凝土配合比设计时，可以减少水泥用量，增加工业废料、矿山废渣的掺量；当混凝土中添加粉煤灰时，可利用其 60 天、90 天的龄期强度。

混凝土采用泵送、布料机布料浇筑，不仅能保证混凝土质量，还可加快施工、节省人工。

混凝土振捣应采用低噪声振捣设备，也可采取围挡等降噪措施；在噪声敏感环境或钢筋密集时，可以采用自密实混凝土，减少噪声污染。

混凝土工程是施工中的用水大户。因此，为节约水资源，推荐采用塑料薄膜加保温材料覆盖保湿、保温混凝土养护；当采用洒水或喷雾养护时，养护用水可以使用回收的基坑降水或雨水；混凝土竖向构件还可以采用养护剂进行养护。清洗泵送设备和管道的污水经沉淀后可以回收利用。

混凝土工程也需要注重余料的回收利用。每次浇筑混凝土，不可避免地会有少量的剩余，应制成小型预制件，用于临时工程或在不影响工程质量安全的前提下，用于门窗过梁、沟盖板、隔断墙中的预埋件砌块等，充分利用剩余材料，不应该随意倒掉或当作建筑垃圾处理。清洗泵送设备和管道产生的浆料经过分离后可作室外道路、地面等垫层的回填材料。

提倡和推广使用预拌混凝土和预拌砂浆，其应用技术已较为成熟。除项目所在地无预拌混凝土或预拌砂浆采购来源情况外，施工现场应采用预拌混凝土和预拌砂浆。与现场搅拌混凝土相比，预拌混凝土产品性能稳定，易于保证工程质量，且采用预拌混凝土能够减少施工现场噪声和粉尘污染，节约能源、资源，减少材料损耗。预拌混凝土应符合现行国家标准《预拌混凝土》GB/T 14902 的规定。现场拌制砂浆施工后经常出现空鼓、龟裂等质量问题，工程返修率高。预拌砂浆是由专业化工厂规模化生产的，可以很好地满足砂浆保水性、和易性、强度和耐久性要求，减少环境污染、材料损耗小、施工效率高、工程返修率低。预拌砂浆应符合现行国家标准《预拌砂浆》（GB/T 25181）及《预拌砂浆应用技术规程》（JGJ/T 223）的有关规定。

4. 砌体结构工程

在材料选用方面，砌体结构可采用工业废料或废渣制作的砌块。常见的主要有两种，一是磷铵厂和磷酸氢钙厂在生产过程中排出的废渣，制成磷石膏砌块等；二是以粉煤灰、石灰或水泥为主要原料，掺加适量石膏、外加剂、颜料和集料等，以坯料制备、成型、高压或常压养护而制成的粉煤灰实心砖。目前我国的磷石膏主要集中在湖北、云南、贵州、四川、安徽、山东等省份，因此磷石膏砌块在内蒙古应用并不广泛，原料供应也不充足。粉煤灰是我国当前排放量较大的工业废渣之一，随着电力工业的发展，燃煤电厂的粉煤灰排放量逐年增加，2021 年我国粉煤灰综合利用量达 6.57 亿 t。有研究预计 2023 年我国粉煤灰综合利用量将达到 6.96 亿 t，已经形成了规模化的市场。粉煤灰砌块的制作工艺也日趋成熟，其力学性能、保温性能及耐久性均能够满足砌块工程的需求。另外，粉煤灰还可以用于混合砂浆掺合料。

砌块湿润和砌体养护宜使用非自来水源，如使用回收的基坑降水或雨水等。

砌体工程的余料利用，可从几个方面入手。一是砌筑施工时，落地灰应随即清理、收集和再利用；二是毛石砌体砌筑时产生的碎石块，应用于填充毛石块间空隙，不得随意丢弃。

砌块应按组砌图砌筑，非标准砌块应在工厂加工按计划进场，现场切割时应集中加工，并采取防尘降噪措施。

5. 钢结构工程

预制装配式钢结构，是变电站主体工程中应用广泛、施工效率高、节能节水、节约材料的结构形式。雄安新区首座新建 220kV 变电站剧村站，为避免传统混凝土浇筑带来的环境污染，以模块化、预制化、工厂化、机械化、装配式为方向，采用全预制化结构，其中钢结构主体共有钢柱 66 根，钢梁 684 根，均由工厂整根制作、整根运输、整根吊装，钢结构螺栓穿孔连接率达到 100%，现场实现零开孔、零开槽。剧村 220kV 变电站钢结构主体从"第一吊"开始到钢结构主体全部完工，仅用时 84 天。图 13 为剧村 220kV 变电站钢结构。

在钢结构工程中，主体结构施工应统筹安排垂直和水平运输机械。施工现场可以根据装配化建造方式布置施工总平面，规划主体装配区、构件堆放区、材料堆放区和运输通道。各个区域统筹规划布置，满足高效吊装、安装的要求，通道需满足构件运输车辆平稳、高效、节能的行驶要求。竖向构件宜采用专用存放架进行存放，专用存放架根据需要设置安全操作平台。钢材、零部件、成品、半成品件和标准件等应堆放在平整、干燥场地或仓库内。

图 13　剧村 220kV 变电站钢结构

积极应用预制构件工厂化生产加工技术；构件的存放和运输应采取防止变形和损坏的措施；构件的加工和进场顺序应与现场安装顺序一致，不宜二次倒运。装配式钢构件与墙板、内装部品的连接件宜在工厂与钢构件一起加工制作。钢结构安装方法和顺序应根据结构特点、施工现场情况等确定,安装时应形成稳固的空间刚度单元。测量、校正时应考虑温度、日照和焊接变形等对结构变形的影响。

钢结构深化设计时,结合加工、运输、安装方案和焊接工艺要求,确定分段、分节数量和位置,优化节点构造,减少钢材用量。加工时需要制定废料减量计划,优化下料,综合利用余料,废料应分类收集、集中堆放、定期回收处理。

钢结构防腐蚀涂装工程的设计,需综合考虑结构的重要性、所处腐蚀介质环境、涂装涂层使用年限要求和维护条件等要素,并在全寿命周期成本分析的基础上,选用性价比良好的长效防腐蚀涂装措施。涂层系统选用合理配套的复合涂层方案。其底涂与基层表面应有较好的附着力和长效防锈性能,中涂应具有优异屏蔽功能,面涂应具有良好的耐候、耐介质性能,从而使涂层系统具有综合的优良防腐性能。现场涂料应采用无污染、耐候性好的材料。防火涂料喷涂施工时,应采取防止涂料外泄的专项措施。有条件时,可采用金属涂层进行防腐处理,重要承重构件可采用热渗锌防护措施;现场需局部补作涂层防护部位,可采用冷涂锌或无机富锌涂料补涂。

钢结构的连接方式一般有三种,包括焊接、铆钉连接和螺栓连接。目前,焊接应用最为普遍,高强度螺栓连接近年来发展很快,使用越来越多,铆钉连接已基本被焊接和高强螺栓连接所取代,很少采用。螺栓连接的优点是施工工艺简单,安装方便,特别适用于工地安装连接。螺栓连接可分为普通螺栓连接和高强度螺栓连接两种,采用高强度螺栓连接可减少现场焊接量。从绿色和连接性能的角度讲，推荐选用高强度螺栓连接。

4.4.3 装饰装修工程

外窗是节能工程中的重要环节。在选材中，采用断桥型材、镀膜中空玻璃等节能产品。木制、塑钢、金属门窗应采取成品保护措施，以防止保温和气密性的破坏，或材料的损坏和浪费。外门窗安装应与外墙面装修同步进行，门窗框周围的缝隙填充应采用憎水保温材料。

隔墙材料宜采用轻质砌块或轻质墙板，严禁采用实心烧结黏土砖；预制板或轻质隔墙板间的填塞材料应采用弹性或微膨胀的材料；隔墙应满足隔声要求，防火分区隔断墙应满足防火要求；抹灰墙面宜采用喷雾方法进行养护；使用溶剂型腻子找平或直接涂刷溶剂型涂料时，混凝土或抹灰基层含水率不得大于8%；使用乳液型腻子找平或直接涂刷乳液型涂料时，混凝土或抹灰基层含水率不得大于10%。木材基层的含水率不得大于12%；涂料施工应采取遮挡、防止挥发和劳动保护等措施。

块材、板材、卷材等装饰、防水材料、节能工程材料及通风管道等工厂化加工比例宜达到70%。块材、板材、卷材类材料包括地砖、石材、石膏板、壁纸、地毯以及木质、金属、塑料类等材料。施工前应进行合理排版，减少施工过程中随意对整块材料的切割而造成材料的浪费与损耗。施工现场切割地面块材时，应采取降噪措施；污水应集中收集处理。地面养护期内不得上人或堆物，地面养护用水，应采用喷洒方式，严禁养护用水溢流；对地面成品、半成品应采取保护措施。

水磨石地面施工时应对地面洞口、管线口进行封堵，墙面应采取防污染措施，并采取水泥浆收集处理措施；其他饰面层的施工宜在水磨石地面完成后进行；现制水磨石地面应采取控制污水和噪声的措施。

吊顶施工需尽量减少板材、型材的切割，避免采用温湿度敏感材料进行大面积吊顶施工，高大空间的整体顶棚施工，可以采用地面拼装、整体提升就位的方式，并使用可移动式操作平台等节能节材设施。

室内装饰装修材料的环保性能和污染物排放水平，是影响室内空气质量的重要因素。现行国家标准《民用建筑工程室内环境污染控制标准》（GB 50325—2020）对多种材料的有害指标进行了规定，应严格执行，主要包括：

（1）石材、卫生陶瓷、石膏制品、无机粉结材料等无机非金属装饰装修材料的放射性；

（2）人造木板及其制品的游离甲醛释放量；

（3）室内用水性装饰板涂料、水性墙面涂料、水性墙面腻子的游离甲醛；

（4）室内用溶剂型装饰板涂料、溶剂型木器涂料和腻子、溶剂型地坪涂料、室内用酚醛防锈涂料、防水涂料、防火涂料的VOC和苯、甲苯＋二甲苯＋乙苯；

（5）粘胶剂的甲醛、VOC、苯、甲苯＋二甲苯、TDI；

（6）水性处理剂、帷幕、软包、墙纸（布）中的甲醛；

（7）聚氯乙烯卷材地板、木塑制品地板、橡塑类铺地材料的挥发物。

施工现场需进行精细化管理。装饰装修成品、半成品应采取保护措施；材料的包装物应分类回收；不得采用沥青类、煤焦油类等材料作为室内防腐、防潮处理剂。地面找平层、隔汽层、隔声层厚度应控制在允许偏差的负值范围内，干作业应有防尘措施；湿作业应采用喷洒方式保湿养护。地面基层处理时，基层粉尘清理宜采用吸尘器；没有防潮要求的，可采用洒水降尘等措施；基层需剔凿的，应采用低噪声的剔凿机具和剔凿方式。

4.4.4 保温和防水工程

保温和防水工程施工时，应分别满足建筑节能和防水设计的要求，宜采用新材料、新技术和新工艺。保温和防水材料及辅助用材的有害物质限量应符合有关标准规定，并在运输、存放和使用时根据其性能采取防水、防潮和防火措施。

保温施工宜选用结构自保温、保温与装饰一体化、保温板兼作模板、全现浇混凝土外墙与保温一体化和管道保温一体化等方案。采用外保温材料的墙面和屋顶，不宜进行焊接、钻孔等施工作业。确需施工作业时，应采取防火保护措施，并应在施工完成后，及时对裸露的外保温材料进行防护处理。在外门窗安装、水暖及装饰工程需要的管卡、挂件、电气工程的暗管、接线盒及穿线等施工完成后，进行内保温施工。

现浇泡沫混凝土保温层施工时，水泥、集料、掺合料等在工厂干拌、封闭运输，泡沫混凝土泵送浇筑。搅拌和泵送设备及管道等冲洗水需进行收集处理，养护应采用覆盖、喷洒等节水方式，这两项亦是节水的重点。

玻璃棉、岩棉类保温材料必须封闭存放。玻璃棉、岩棉类保温材料裁切后的剩余材料应封闭包装、回收利用，施工人员应配置劳保防护用具。

泡沫塑料类保温层施工时，聚苯乙烯泡沫塑料板余料需要全部回收，现场喷涂硬泡聚氨酯时，应对作业面采取遮挡、防风和防护措施，现场喷涂硬泡聚氨酯时，环境温度宜为 10 ~ 40℃，空气相对湿度宜小于 80%，风力不宜大于三级。硬泡聚氨酯现场作业应预先计算使用量，随配随用，并为施工人员配置劳保防护用具。

防水工程施工时，基层清理需采取控制扬尘的措施。一般推荐采用自粘型防水卷材。防水层不宜采用热粘法施工，采用热熔法施工时，应控制燃料泄漏，并控制易燃材料储存地点与作业点的间距。高温环境或封闭条件施工时，应采取措施加强通风。采用的基层处理剂和胶粘剂应选用环保型材料，并封闭存放。防水卷材的余料需回收处理。

涂膜防水是在自身有一定防水能力的结构层表面涂刷一定厚度的防水涂料，经常温胶联固化后，形成一层具有一定坚韧性的防水涂膜的防水方法。施工时需注意涂料存放，液态防水涂料和粉末状涂料应采用封闭容器存放，余料应及时回收。涂膜防水宜采用滚涂或涂刷工艺，当采用喷涂工艺时，应采取遮挡等防止污染的措施。涂膜固化期内应采取保护措施，成品也需要保护。

4.4.5　环境保护与能源材料节约

1. 冬期施工

从施工排期方面讲，参建各方应做好搭配配合，加强施工管理，确定合理的工期，避免冬期施工。冬期施工是安全事故多发时期，由于结冰打滑、取暖火灾、堆料干燥等原因，冬期施工有较多危险因素。除此之外，由于取暖等因素，冬期施工耗能也较高，因此冬期施工是首先应避免的。根据《建筑工程冬期施工规程》（JGJ/T 104—2011）的规定，当室外日平均气温连续 5 天稳定低于 5℃即进入冬季施工；当室外日平均气温连续 5 天稳定高于 5℃ 时解除冬期施工。内蒙古较多地区的冬季较长，部分地区一年中有 5～6 个月为冬期施工，因此在实际排期时，冬期施工常常无法避免，由于项目进度等原因不得不冬期施工的，需要采取冬期施工措施，制定冬期施工方案。

冬期施工方案中，从节能环保角度讲，需要注意：避免采取电热丝或搭设临时防护棚用煤炉供暖，这些将消耗大的热能；进一步优化排期，外墙板材、块材采用湿贴法作业时，不进行冬期施工；室内抹灰、板材、块材施工与养护期间的温度不低于 5℃；使用加热设备体排放应符合现行国家标准《大气污染物综合排放标准》（GB 1629）的规定；混凝土冬季施工加热养护热源消耗非常大，为节省能源，应优先选周掺防（抗）冻剂加覆盖保温的综合蓄热法进行养护；需掺加防冻剂时，应通过试验确定其掺和使用效果。

2. 污染物管理

施工现场的扬尘是污染物管理的重点。易扬尘散料应采取覆盖、装袋等措施，避免扬尘外溢；场区道路应及时清扫、洒水抑尘；对于易飞扬细颗粒散体材料，应密闭存放；对易产生扬尘的砂、石等散体堆放材料，应当设置高度不低于 0.5m 的堆放池，并对物料裸露部分实施苫盖；作业面宜采用全封闭方式，如外墙脚手架外满挂密目网、无纺布等隔尘材料，道路施工周边增设隔离围挡，混凝土打孔采用带防尘罩电锤等；使用密封性较好的运输车辆，运输粉状物质时必须使用毡篷布等覆盖；车辆进出口宜设沉淀池，严格控制出入施工场地及物料运输的车辆速度，配备冲洗设备对车辆车轮进行冲洗，冲洗废水收集于沉淀池内，沉淀池上层清水用于场地内及附近路面洒水；施工现场不宜存放土方，施工垃圾应当天清运出场，大风（5级以上）情况下，应停止土方开挖及拆除工程施工；装饰装修、防水等工程作业时，对可能散发的有害气体采取有组织排放等措施。应 PM_{10} 和 $PM_{2.5}$ 不得超过当地生态环境部门或住房和城乡建设主管部门要求的限值。运送土方、垃圾、设备及建筑材料等，不污损场外道路。运输容易散落、飞扬、流漏的物料的车辆，必须采取措施封闭严密，保证车辆清洁。施工现场出口应设置洗车槽。

正确使用先进的、低噪声、低振动设备和设施是实现绿色施工的关键因素之一。如静力拆除混凝土结构、路面等；采用水钻静力切割方式进行混凝土开洞；混凝土输送泵、电锯房等设吸声降噪屏或其他降噪措施，选用低噪声振捣设备进行混凝土浇筑振捣等；噪声及振动较大的作业时间应避开居民休息时间，一般不在夜间施工：在现场设置噪声监测点，实时监测并记录施工现场噪声。噪声限值应满足现行国家标准《建筑施工场界环境噪声排放标准》（GB 12523）的规定，振动限值应符合现行国家标准《城市区域环境振动标准》（GB 10070）的规定。

现场有害气体应经净化处理后排放，排放标准应符合现行国家标准《环境空气质量标准》（GB 3095）和《民用建筑工程室内环境污染控制标准》（GB 50325）的规定。

保护施工现场及周边水环境，减少地下水抽取，避免施工场地的水土污染，减少污水排放，也是维护水环境的重要手段。排入城市污水管网的施工污水应符合现行国家标准《污水排入城镇下水道水质标准》（GB/T 31962）的规定。没有纳管条件的，应处理达到相关排放标准或受纳水体要求后，方可排放。

采用先进施工工艺与方法，可从源头减少有毒有害废弃物的产生。对产生的有毒有害废弃物应 100% 分类回收、合规处理。减少固体废弃物产生，可采用指标控制的方法，建筑垃圾产生量应控制在现浇钢筋混凝土结构每万平方米不大于 300t，装配式建筑每万平方米不大于 200t（不包括工程渣土、工程泥浆）。

施工现场还应注意减少光污染，光污染限值应满足现行行业标准《城市夜景照明设计规范》（JGJ/T 163）的规定。

推荐通过信息化手段监测并分析施工现场扬尘、噪声、光、污水、有害气体、固体废弃物等各类污染物。图 14 为环境监测设备。

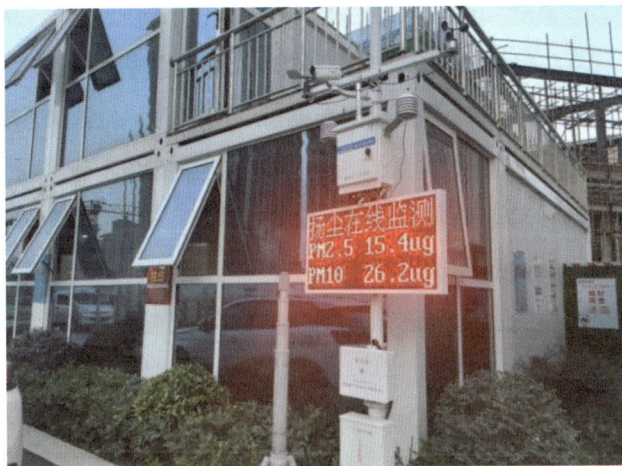

图 14　环境监测设备

3. 节能节水

施工中应制定节水和用水方案，提出建成建筑水耗目标值。应做好水耗监测、记录，用于指导施工过程中的节水。竣工时提供施工过程水耗记录和建成每平方米建筑实际水耗值，为施工过程的水耗统计提供基础数据。对于洗刷、降尘、绿化、设备冷却等用水来源，应尽量采用非传统水源。具体包括工程项目中使用的中水、基坑降水、工程使用后收集的沉淀水以及雨水等。

施工中应制定节能和用能方案，提出建成建筑能耗目标值，预算各施工阶段用电负荷，合理配置临时用电设备，尽量避免多台大型设备同时使用。合理安排工序，提高各种机械的使用率和满载率，降低各种设备的单位耗能。应做好能耗监测、记录，用于指导施工过程中的能耗管理和能源节约。竣工时提供施工过程能耗记录和建成每平方米建筑实际能耗值，为施工过程的能耗统计提供基础数据。记录主要建筑材料运输能耗，是指有记录的建筑材料占所有建筑材料质量的85%以上。

4. 管理与技术革新

装配化施工工艺是土建施工的重点推广项目。建筑内外装修优先采用装配式装修等干式工法施工工艺及集成厨卫等模块化部品部件，减少现场切割及湿作业。部品部件安装采用与其相匹配的工具化、标准化工装系统，采用适用的安装工法，制定合理的安装工序，减少现场支模和脚手架搭建。

采用精益化施工组织方式，统筹管理施工相关要素和环节，提升施工现场精细化管理水平，可大大减少资源消耗与浪费。推广材料工厂化加工，实现精准下料、精细管理，可降低建筑材料损耗率。加强施工设备的进场、安装、使用、维护保养、拆除及退场管理，可减少过程中设备损耗。采用节能型设备，监控重点能耗设备的耗能，对多台同类设备实施群控管理，可减少设备耗能。

通过信息技术促进设计、生产、施工、运营维护等产业链联动，项目多参与方协同工作，实现建造全过程统筹管理。基于三维设计信息，推进工厂生产全流程自动化、信息化、智能化。采用三维设计、BIM等信息技术进行深化设计和专业协调，避免"错漏碰缺"等问题。对危险性较大和工序复杂的方案应进行三维模拟和可视化交底。应根据项目需求和参建单位情况，采用智慧工地管理系统，实现信息互通共享、工作协同、智能决策分析、风险预控。应采用信息通信技术对施工设备的基础信息、进出场信息和安装信息等进行管理，对塔式起重机、施工升降机等危险性较大设备的运行数据进行实时采集和监控。

可推广采用自动化施工器械、智能移动终端等相关设备，提升施工质量和效率，降低安全风险。积极使用建筑机器人进行材料搬运、打磨、铺墙地砖、钢筋加工、喷涂、高空焊接等工作，既可降低人员成本，又利于标准化把控。

4.5　临建设施施工

在满足设计要求的前提下，应充分考虑施工临时设施与永久性设施的结合利用，实现永临结合。临时建筑设施应充分利用既有建筑物、市政设施和周边道路。通常站内上下水连接至市政管网，消防用水、雨污水排水等可根据前期的临时施工用水要求，考虑永临结合。同时，站内管线结合远期考虑，减少重复建设工作量。在施工阶段初期，现场需要考虑生活污水的排放。通常可考虑设置化粪池，外接市政或者定期外运处理。若考虑外接市政污水管网，则可按照永久排污接出的点位和永久污水排水管径向绿化或环卫部门进行申请排水。在施工完毕后，将站内污水管网直接接通即可，无需再进行污水排水申请工作。防尘降尘措施及设备也可以做到永临结合，以应对项目建成后的沙尘天气等。

在临建方面，积极使用新型模架体系，可提高施工临时设施和周转材料的工业化程度和周转次数。施工现场尽量利用既有围墙，并采用周转装配式围挡。结合工程所在地地域特征，可积极利用适宜的可再生能源，并因地制宜对施工现场雨水、中水进行科学收集和合理利用。应科学布置施工现场，合理规划临时用地，减少地面硬化。宜利用再生材料或可周转材料进行临时场地硬化。

减少建筑施工废弃物并资源化，是施工管理需要重点考虑的问题。建筑施工废弃物减量化应在材料采购、材料管理、施工管理，以及建筑拆除的全过程实施。建筑施工废弃物应分收集、集中堆放，尽量回收和再利用，如混凝土可制作成再生骨料等。施工废弃物包括工程拆除和施工过程中产生的各类可回收和不可回收的施工废料、拆除物等，不包括基坑挖的渣土。通常拆除产生的废弃物多于常规施工废弃物。本条强调尽量减少拆除和施工中的废弃物产量，需要做好相应的施工组织设计和计划，并强调废弃物的回收利用，以最大限度地实现资源循环利用和减小对环境的不利影响。拆除施工应制定环境保护计划，选择对环境影响小的拆除工艺。对拆除过程中产生的废水、噪声、扬尘等应采取针对性防治措施，并制定拆除垃圾处理方案。拆除前应制定拆除施工组织计划及施工过程中废弃物减量化、资源化计划，临时建筑拆除产生的废弃物的回收利用率应达到40%。住建部发布的《绿色施工导则》要求，施工过程中加强建筑垃圾的回收再利用，力争建筑物拆除产生的废弃物的再利用和回收率大于40%。由于临时建筑多比永久性建筑可回收利用率高，临时板房等均可再次利用，因此要求临时建筑拆除产生的废弃物的回收利用率必须达到40%。

5 绿色移交

5.1 移交准备

绿色移交，即在综合效能调适、绿色建造效果评估的基础上，制定交付策略、交付标准、交付方案，采用实体与数字化同步交付的方式，满足绿色建造目标和实际使用的要求，进行工程移交和验收。绿色移交的核心工作是实现数字化交付并进行完成效果评估。

项目交付前应进行绿色建造的效果评估及绿色建筑相关检测，并准备以下资料用于移交：

（1）项目使用说明书；

（2）建筑物各子系统运行操作规程和维护保养手册；

（3）设计竣工文件、施工验收文件、监理验收文件；

（4）将建筑各分部分项工程的设计、施工、检测等技术资料整合和校验，并按相关标准移交建设单位和运营单位；

（5）核定绿色建材实际使用率，移交核定计算书。

按照绿色交付标准及成果要求，移交包括实体交付及数字化交付成果。数字化交付成果需注意与实体交付成果信息的一致性和准确性，建设单位可在交付前组织成果验收。

项目投运后六个月内，若地方无特殊要求，相关责任方应完成临时用地的复垦和绿色恢复。

5.2 绿色移交管理

5.2.1 调适与验收

相关各方需首先建立综合效能调适团队，明确各方职责，编制调适方案，制定调适计划。进而对建筑开展综合效能调适，包括夏季工况、冬季工况及过渡季节工况的调适和性能验证，使电气系统及设备系统满足绿色建造目标和实际使用等要求。综合效能调适的内容和要求应符合现行行业标准《绿色建筑运行维护技术规范》（JGJ/T 391）的规定。综合效能调适完成后，应将相关技术文件存档。

电气部分的调试需满足以下要求：

（1）施工调试单位根据调试设备编制调试规程，试验过程中对试验数据进行记录，试验结束后及时完成调试试验报告编制。对于不满足试验要求的设备，应向相关部门及时汇报。

（2）施工调试单位的试验工器具需定期进行校验，严禁使用不检、过检调试工器具。

（3）在试验过程中，做好施工调试设备的隔离防护及安全标识，避免无关人员误入试验带电间隔。

电气验收需符合下列要求：

（1）施工、监理及设计单位在工程建设过程做好交底、验收及检查记录，以确保全过程验收资料齐全、完备。

（2）电气设备验收前由施工单位牵头，设计单位及设备厂家配合整理提交验收审批资料。

（3）电气设备验收前做好验收预案及自查，对不满足验收事项及时进行整改。

（4）对于验收整改意见做好的整改计划、及时充分整改。

5.2.2 数字化交付

数字化移交工作从电网工程建设全过程入手，对全局进行统筹考虑。在电网工程建设初期即按统一标准对实体成果进行数字化，当电网工程实体向下一阶段移交时数字化成果同步移交。每一个阶段的工作除了作用在电网工程实体以外，也同时作用在数字化成果上，保证实体工程和数字化工程时刻保持一致，实现实体工程和数字化工程同步向运行移交。在设计阶段，收集整理设计院的设计成果，实现设计成果的三维可视化，并可结合三维地形数据，校验设计、减少设计变更次数，有效控制工程造价；在施工阶段，利用三维数字化服务工程建设管理，提高管理效率，实现精细化管理；在运行维护（简称运维）阶段，运维单位接收数字化移交的各类成果，辅助应急抢修。

目前，国家尚未颁布竣工的数字化交付标准，需在策划阶段即确定数字化交付的内容及标准。运行及使用单位可提前介入，对数字化交付内容提出要求及建议，落实在交付标准中。数字化交付的内容及标准可参照执行工程所在地的相关规定。当所在地区未规定时，可由建设单位牵头确定，各参建单位遵照执行。

数字化交付内容应包含数字化工程质量验收文件、施工影像资料、建筑信息模型等。应编制说明书，详细说明交付的范围与内容。目前，我国的工程质量验收文件以纸质文件为主。纸质文件存档存在一定的损毁风险，为保证文件保存的可靠性，提高数字化和信息化管理水平，应将重要的纸质文件扫描归档交付。对于建设过程中的影像资料也应一并交付，影像资料主要包括各类会议及检查资料、隐蔽工程资料等。

建筑信息模型应按单位工程进行划分组建，每个单位工程包含建筑、结构、电气电缆等分专业模型以及综合模型文件。竣工模型的信息满足不同竣工交付对象和用途，模型信息根据需求进行过滤筛选，不包含冗余信息。对运维管理有特殊要求的，可在交付成果里增加满足运行与维护管理基本要求的信息，包括：设备维护保养信息、工程质量保修书、建筑信息模型使用手册、房屋建筑使用说明书、空间管理信息等。基于构件维护、保养、更换、质量追溯等需求，可以为建筑信息模型构件建立编码，并确保构件编码的唯一性。

5.3　绿色效果评估

进行绿色建造的目的是建设在全寿命周期内，节约资源、保护环境、减少污染，为人们提供健康、适用、高效的使用空间，最大限度地实现人与自然和谐共生的高质量绿色建筑。而绿色评估是对工程建设项目绿色施工水平及建设项目绿色性能进行评估的活动。

在国家推进绿色建造工作，促进形成绿色生产生活方式，推动建筑业转型升级和城乡建设绿色发展的背景下，对输变电工程建设进行绿色评估的重要性日益突显。从以往工程实践和学术研究中可以发现，传统项目管理中的环境评价，虽然伴随着项目管理理论一起发展，但是却从没有将对绿色环境的认识提高到系统性、综合集成的全过程研究这样一个高度。为了保证项目绿色管理实施的有效性，需要对项目的实施全过程进行监控，并在特定阶段对项目实施过程的绿色化进行评价，对绿色建造节约资源和保护环境的效果进行评估，并形成效果评估报告。绿色评估可采用内部自评的形式，或委托具备评估能力的技术服务单位进行评估。

绿色建造效果评估应包含但不限于绿色设计、绿色施工、节能环保、低碳减排等内容。开展绿色评估前，建设单位应组织各参建单位对效果评估的具体内容、参考标准、评估结果以及证明材料等进行汇总，形成绿色建造效果评估表。

绿色评估证明材料应包括但不限于设计文件、专项报告、机械设备节能减排分析报告、碳排放计算报告、施工过程用电相关记录、建筑节能等分析计算报告、项目环评、水保批复文件及相关检测报告等。为满足绿色评估需要，开展绿色评估前，参建各单位需要提供以下绿色评估资料。

1. 设计单位应提供以下绿色评估资料

1）提交竣工图，并按公司档案管理要求移交建设单位和运行单位。

2）提供项目绿色设计自评报告，内容包含但不限于集成设计情况、绿色建材选用、节能新技术、新设备、新材料、可循环再利用材料应用等设计成果记录。

2. 施工单位应提供以下绿色评估资料

1）提供完整齐全的主要原材料合格证明及检测报告、隐蔽工程验收记录。

2）核定绿色建材实际使用率，提交核定计算书。

3）提供单位、分部、分项工程的技术资料及相关施工过程控制与检测报告。

4）提供项目绿色施工自评报告，内容包含但不限于固体废弃物、污水、噪声等环保控制记录和采用绿色、节能新技术、可循环再利用材料使用、临时围挡、临建设施等周转设备（料）重复使用等施工过程记录。

3. 建设单位应提供的评估资料

建设单位应组织或委托第三方检测机构开展绿色建造大气污染、固体废物污染、噪声、电磁环境等相关检测；同时在规定时间内完成环保验收、水保验收工作。所取得的相关检测报告同时作为绿色建造效果评估的证明材料。

5.3.1 绿色施工评估

根据前文要求，绿色施工效果应达到《建筑工程绿色施工评价标准》（GB/T 50640）的优良等级。在施工完成后，应组织绿色施工效果评估，按照《建筑工程绿色施工评价标准》（GB/T 50640）的评价方法，出具绿色施工评价定级报告。可采用内部自评的形式，或委托具备评估能力的技术服务单位进行评估。

进行绿色施工效果评估时，证明材料应包括但不限于设计文件、专项报告、分析计算报告、现场检测报告等，评估结果为绿色施工评价定级报告，评价定级方法应按照现行国家标准《建筑工程绿色施工评价标准》（GB/T 50640）执行。绿色施工评价根源于绿色施工的概念，是从绿色施工的本质出发，对建筑工程的施工活动作出绿色程度的判断，制定出一定的评价标准，从而能够客观地判断出建筑工程在施工阶段资源的消耗量大小，对环境的影响程度大小，判断出在施工阶段的管理水平，以及经济消耗的合理性，是为了判断出项目在施工阶段资源配置的合理程度，最终确定出绿色施工等级。绿色施工是一项复杂的系统工程，包含着各种各样的影响因素，有定性分析和定量分析的部分，对其进行评价必然会有一定的复杂程度。绿色施工评价主要包括以下内容：

（1）**节能与能源利用**。节能与能源的利用主要指施工场地内的作业、办公和生活中的各种行为有没有进行节能处理；相关设备有没有选用节能措施；耗能设备的耗能量是否符合国家相关规定；该报废停止使用的设备是否按规定做了处理；工程需要临时建立的临时建筑和设施是否符合规定。

（2）**节地与土地资源保护**。主要包括施工现场的规划是否合理，同时是否属于动态管理的状态；日常用地和临时用地审批手续是否合规；是否对施工现场的用地做到地尽其用；对于需要深挖、深埋等是否采取水土保持措施等。

（3）**节水与水资源利用**。主要包括在合同中是否有节水相关指标；是否会进行用水量考核；有没有基于项目特点和实际需求制定用水方案；现场的给排水系统是否合理；节水器的使用率等。

（4）**节材与材料资源利用**。主要包括是否做到就地取材；是否选用环保材料；建筑材料的领用、设备的保养和建筑垃圾的再利用与处理等管理机制是否合理；临时设施拆除后是否进行材料回收；能够提高资源利用率和效率的新设备、新工艺等的引入。

（5）**环境保护**。主要包括是否设施环境保护提醒标示；从业人员是否持健康证上岗；是否对现场及周边可能影响到的范围内的古迹或文物采取保护措施；是否将可能造成污染的化学品和危险品妥善存放；工人生活区是否设置了生活废物废水处理设施；现场是否设置了防尘措施。

为应对气候变暖的环境危机，实现社会的可持续发展，减少以二氧化碳为代表的温室气体排放已成为国家间的共识。随着我国城市化不断深化和经济水平的不断提高，建筑业的碳排放量和其在全国总碳排放中的占比持续增加，对环境和社会的可持续发展造成了巨大的影响。因此，绿色效果评估中，还需要进行碳排放评估，形成碳排放计算报告。

5.3.2 减排效果评估

进行减排效果评估时，证明材料应包括碳排放计算报告，计算方法应按照现行国家标准《建筑碳排放计算标准》（GB/T 51366）执行。建筑碳排放是指建筑物在与其有关的建材生产及运输、建造及拆除、运行阶段产生的温室气体排放的总和，以二氧化碳当量表示。计算边界是指 与建筑物建材生产及运输、建造及拆除、运行等活动相关的温室气体排放的计算范围。建筑碳汇是指在划定的建筑物项目范围内，绿化、植被从空气中吸收并存储的二氧化碳量。

虽然降低建筑碳排放来应对环境问题已是全世界达成的共识，但是建筑碳排放的核算范围还存在差别。温室气体排放包括二氧化碳（CO_2）、甲烷（CH_4）、氧化亚氮（N_2O）、氢氟碳化物（HFCs）、全氟化碳（PFCs）和六氟化硫（SF_6）等，其中二氧化碳排放量最大，其次，在变电站中的开关设备中，六氟化硫也是重要的碳排放。六氟化硫的排放计算没有形成普遍的通识标准，因此在计算时主要考虑最具代表性的二氧化碳排放。建筑碳排放计算（主要是二氧化碳排放）是一项复杂的系统工程，涉及建材生产、建造施工、运行维护等不同阶段，与上下游等行业存在不同程度的交叉。建筑碳排放计算的基本方法分为自上而下和自下而上两种方法。自上而下方法是先估算总体建筑能耗与碳排放，再进行时间和空间的降尺度分析，计算模型包括 LCA、IOA、

RE-BUILDS、Scout、BLUES、ELENA 等，主要适用于宏观层面碳排放的核算；自下而上方法是先计算单个建筑的逐时能耗，再放大到区域尺度进行碳排放计算，计算模型包括 Invert/EE-Lab、ECCABS、RE-BUILDS、Core-Bee、Scout、BLUES 等，主要适用于建筑单体的碳排放计算和核查。模型的输入参数主要通过排放因子法、过程分析法和投入产出法获取。《建筑碳排放计算标准》（GB/T 51366）和《建筑碳排放计量标准》（CECS 374：2014）依据排放因子法对建筑碳排放核查、计算和预测进行了规定。绿色建造需要在建筑全寿命期节约资源、保护环境，最大限度地降低对环境的负面影响。因此，建设单位应对建材生产和运输、建造施工、运营维护、拆除及材料处置等方面的碳排放进行控制，同时，控制单体建筑微观层面的碳排放，需要使用碳排放因子法和过程分析法相结合的方法来获取相关基础数据。

5.4 监督检查与考核管理

投运后一年内应进行完整的绿色效果评估，评估由内蒙古电力（集团）有限责任公司统一组织，参建及运行单位参加；宜由集团内部或外部专家形成专家小组，对绿色效果进行认定。

每三年进行一次后评估，由内蒙古电力（集团）有限责任公司统一组织，主要考察是否降低了绿色性能，在后续的改扩建过程中是否延续了绿色理念。

在运行过程中降低了绿色性能的，对运行单位进行通报批评。